OMNIBUS

Silvia Tesio

PIACERE, IO SONO GAUSS

Romanzo

MONDADORI

www.librimondadori.it

Piacere, io sono Gauss
di Silvia Tesio
Collezione Omnibus

ISBN 978-88-04-61614-6

I edizione marzo 2012

PIACERE, IO SONO GAUSS

A Giovanni, mio padre.
A Giovanni, mio figlio.

C'è un'ape che se posa
su un bottone de rosa:
lo succhia e se ne va...
Tutto sommato, la felicità
è una piccola cosa.

TRILUSSA, *Felicità*

La Verità è quello che cerchi quando ancora non sai cosa sia, ma sai che c'è.

UMBERTO CERRONI

Se a scuola non avessero cominciato a stressarci con la faccenda dell'albero genealogico, questa storia non sarebbe nemmeno iniziata.

Invece eccomi qui, seduto davanti all'ufficio della direttrice didattica signora Pani, nell'attesa che la mamma finisca di togliermi dai guai.

Mi chiamo Gauss, ho dieci anni (undici ad agosto, infatti sono del segno del Leone) e dico sempre la verità. È la mia caratteristica principale, il mio marchio di fabbrica, il mio vessillo e – secondo mamma – il mio peggior difetto.

Mi è persino capitato di sentirle confidare alla nonna che teme sia una specie di tic nervoso perché non c'è verso di farmi smettere. Per fortuna lei le ha sventolato una mano aperta sotto il naso, come se stesse scacciando una mosca.

«Stupidaggini!» ha detto. Ed è tornata alla sua rivista di giardinaggio.

Siccome non sono tutti così intelligenti, per colpa della mia sincerità sono finito più volte nei pasticci e una dall'assistente sociale anche se, in quel caso, più che "pasticcio" lo definirei "dramma di proporzioni galattiche".

Ricordo ancora mia madre intenta a giustificare a una donna bionda, grassa e con aloni di sudore grandi come fette di mortadella sotto le ascelle, il perché avessi raccontato alla maestra dell'asilo che la nonna qualche volta mi chiudeva dentro lo sgabuzzino delle scope per ubriacarsi in santa pace mentre mia sorella di dodici anni mi costringeva a baciarla con la lingua.

Non capivo come mai ne avessero tirato fuori un polverone gigantesco e tutti continuassero a dire che non ho il papà e che un bambino senza papà ha dei problemi. Sono stato più volte sul punto di strillare che con quei discorsi i problemi me li stavano facendo venire loro.

Se qualcuno si fosse preso la briga di interpellarmi avrebbe scoperto che se avevo raccontato quelle cose alla maestra Wanda mio padre non c'entrava niente. Solo che la nonna mi chiudeva sul serio nello sgabuzzino delle scope perché ogni tanto – poveraccia – aveva voglia di farsi una bevuta senza rotture di scatole e cinque anni fa, l'unico maschio a disposizione con cui Leonora potesse esercitarsi prima di baciare un ragazzo tutto suo, ero io. Tutto qui.

Leonora, come ho detto, è mia sorella. Già il fatto che si chiami così fa giustamente pensare che le manchi qualcosa. Ma quel qualcosa, credetemi sulla parola, non è soltanto una lettera.

Per quel che ne so, suo padre l'ha riconosciuta controvoglia, quindi forse ha dimenticato apposta una "E" fuori dall'anagrafe. Eleonora doveva sembrargli un nome troppo bello.

O magari – chi lo sa? – ci sono anche degli Uigi, Mmacolate, Lessandri che girano per il mondo senza darsi pace, chiedendosi dove siano finite tutte quelle "L", quelle "I" e quelle "A" di cui sono stati mutilati alla nascita.

Detto questo: io non ho idea di chi sia mio padre, figuriamoci se conosco quello di Leonora. Ma vivendo con lei tra i piedi tutti i santi giorni, non posso biasimarlo se si è trasferito in Germania e non ne ha più voluto sapere. Quella ragazza, se non si fosse ancora capito, è un gatto a nove code sulle palle. Un attacco di diarrea fulminante. La peggior sorella maggiore che un fratello minore possa desiderare. Leonora di cognome fa Sandretti.

La faccenda dei baci era una delle molte fisse che ogni tanto le prendono: c'è stata la mania di Hello Kitty, poi la passione per gli smalti e dopo ancora per non ricordo quale cantante con cui ci martoriava le orecchie allo sfinimento.

L'estate del 2006 si era messa in testa che doveva imparare a baciare. Bisognava vedere come ci si dedicava: pareva un pugile che si prepara al primo incontro. Quando lo specchio non le bastava più, veniva a rompere le scatole a me.

Mia madre, anche se ha una figlia diciassettenne e me, ha solo trentasei anni ed è ancora piuttosto carina. Per non star lì a dare tante spiegazioni (cosa che detesta) si fa chiamare Matilde, ma in realtà si chiama Genna. Non Gemma, come scrivono quelli di "Elle" quando le spediscono la rivista. E non Genna di cognome, anche se sarebbe stato preferibile dal momento che invece fa Bassi, come me.

Inutile dire che essere alto un metro e trenta e chiamarsi Bassi non è un bel biglietto da visita per cominciare le scuole medie. Non è bello nemmeno se fai ancora la quinta elementare come me. Infatti ci penso di continuo. Anche adesso: me ne sto qui, seduto sulla panca di legno, fissando la porta della direttrice didattica signora Pani, e chiedendomi come mai i miei piedi sfiorino appena il pavimento. Ho il sospetto di avere i femori corti, anche se nessuno me l'ha mai confermato. L'unica speranza sarebbe crescere di botto venti o trenta centimetri quest'estate. Può succedere. Non si sa mai.

Sempre che riesca a uscire vivo da questa situazione perché non è che butti molto bene e purtroppo per me non c'è neppure la nonna qui a difendermi.

A proposito: nonna Olimpia – quella dello sgabuzzino – è la mia parente preferita. Ha adottato la mamma a più di sessant'anni (lei ne aveva dodici). Quelli dell'istituto gliel'hanno lasciata anche se era vedova e già un po' vecchia, perché tanto una bambina così grande non se la sarebbe più presa nessuno.

Ecco fatto: la mia famiglia a questo punto sarebbe già tutta bella che descritta ma, per amore di giustizia, nel tema ho parlato anche di nonno Terenzio che – anche se è morto molto prima che io nascessi – è comunque un pezzo importante della mia storia visto che è grazie a lui se porto questo strano nome.

Nonno Terenzio da giovane insegnava fisica all'Università di Viterbo, dove lui e nonna Olimpia hanno vissuto per quasi trent'anni prima di trasferirsi a Torino. Era talmente fissato con questo Friedrich Gauss che ci ha scritto sopra un sacco di libri.

Gli ultimi mesi pare fosse così preso a studiare le sue teorie da scordarsi persino di mangiare e, se la nonna non gli avesse cucinato tutti i giorni piatti succulenti e tentatori, sarebbe morto di fame sulla scrivania. Alla fine è morto d'infarto e amen. Mamma dice che il nome Gauss è stato una specie di tributo perché di chiamarmi Friedrich proprio non se ne parlava!

Tante grazie: come se fosse più facile portarmi dietro un nome simile! Non solo: anche volendo capirci qualcosa, col cavolo che sono mai riuscito a sfogliare i libri del nonno, perché sono conservati sottochiave nella vetrinetta in salotto come sacre reliquie. Detto questo, tra i racconti della nonna e le numerose incursioni alla biblioteca, qualche notizia l'ho scovata lo stesso.

Per esempio, so che Carl Friedrich Gauss era il figlio unico di una coppia di condizioni modeste, proprio come me, solo che la sua era una famiglia normale e non aveva una sorella come Leonora a farlo rincretinire, impedendogli di diventare un genio. A tre anni sapeva già parlare, leggere e fare di conto mentre io a tre anni sapevo già più di cinquanta parolacce, pisciare sui muri e mordere come un furetto. A nove anni fu autorizzato a seguire le lezioni di aritmetica di un certo Büttner, che era famoso per essere irascibile, soprattutto nei confronti degli studenti poveri. Sempre meglio che avere a che fare con la direttrice didattica signora Pani, che è famosa per essere una strega e basta.

Un giorno questo Büttner diede ai suoi studenti un compito di punizione che consisteva nel calcolare la somma dei primi cento numeri: 1+2+3+... +100. Mentre iniziava a strofinarsi le mani dalla contentezza per essere riuscito a umiliarli tutti, fu interrotto dalla vocina intelligente di Gauss: "Il risultato è 5050". Io ho imparato a memoria la cifra perché speravo sempre che qualcuno mi chiedesse se so calcolare la somma dei primi cento numeri, ma nessuno me lo ha mai domandato, così un giorno sono andato dalla nonna: «Vuoi sapere quanto fa la somma dei primi cento numeri?», ma lei ha detto che non gliene importava un fico secco!

Comunque: Büttner, che sarà pure stato stronzo ma tutto sommato era un uomo intelligente, realizzando che non aveva più niente da insegnare al mio giovane omonimo, lo raccomandò al duca di Brunswick che, profondamente colpito, diede a Gauss tutti i soldi per studiare fino all'università.

Nel 1799 Gauss presentò la sua dimostrazione del teorema fondamentale dell'algebra e nel 1801, a ventiquattro anni, sconvolse tutti con i suoi numeri complessi o immaginari, e la teoria delle congruenze. Non saprei spiegare cosa siano, ma ho fatto qualche ricerca su internet e questo è quello che ho trovato.

Dopo la matematica si dedicò all'astronomia, alla fisica, alla geometria e all'ingegneria, ma con quelle non diventò ricco. Siccome era un genio, a un certo punto decise di occuparsi di economia e finalmente riuscì a guadagnare un fracco di soldi. Poi morì perché ormai era diventato un vecchio rincoglionito o perché non c'era più niente da studiare, non saprei.

* * *

Mamma è arrabbiata con me. Lo capisco da come stringe la mia mano e mi trascina per la strada due passi dietro di lei. Lo fa per dimostrarmi che non reggo la sua falcata. È un modo crudele per farmi sentire un esserino da niente, una pulce senza domatore, un nano senza circo.

L'ultima volta che l'ho vista in questo stato è quando è venuta a salvare me e mia sorella dal pericolo del riformatorio.

È successo cinque anni fa. La scuola di Leonora e l'asilo mio erano finiti da poco, mamma lavorava già da un pezzo come assistente alla poltrona del dentista con cui lavora ancora adesso e faceva orari assurdi. La nonna, dopo tanti anni, si era finalmente lasciata convincere ad andare alle terme per curarsi l'artrosi e siccome non c'erano abbastanza soldi per una babysitter, io e mia sorella restavamo spesso da soli, con la raccomandazione di fare i bravi e di non passare troppo tempo davanti alla tv.

Per essere ubbidiente, Leonora aveva trovato un'occupazione alternativa: trascinarmi nel reparto cosmetici della Coin e riempirmi le tasche di rossetti.

Il piano era che, se ci avessero beccati, avrebbe fatto la scena "mio fratello ha solo cinque anni... voleva farmi un regalo... non capisce cosa significa rubare".

Peccato che quando si è trattato di recitare veramente la parte si sia messa a piangere (e io con lei, perché a me il pianto fa lo stesso effetto domino degli sbadigli) e abbia confessato non solo quello ma anche tutti gli altri furtarelli, ancora prima che le venisse chiesto.

Quando la mamma ci ha riportati a casa, abbiamo preso più schiaffi che nel resto della nostra vita. Soprattutto mia sorella, anche se non sono bastati a farla diventare furba.

Se si arrabbia, mamma sembra un drago a cui fumano le narici: le allarga come se da lì il nervoso potesse uscirle più facilmente. Quand'è così è intrattabile. Infatti, se ora le dicessi che ha le mani fredde e sudaticce e che la cosa mi fa abbastanza schifo, mi tirerebbe un ceffone.

Già è un miracolo che non l'abbia fatto leggendo il mio tema davanti alla direttrice.

«Non so più dove sbattere la testa!» ha detto. Poi però mi ha guardato come se volesse sbatterla fortissimo contro la mia.

«Con questa fantasia, suo figlio potrebbe diventare uno scrittore!» ha ridacchiato la direttrice come se invece volesse dire "col cavolo che potrebbe!".

Si sbaglia di grosso, comunque, perché ho un grande spirito di osservazione: cosa che serve eccome quando devi raccontare un fatto.

Per esempio, ho notato un sacco di cose su di me. Potrei cominciare col dire che non sarò tanto alto, ma proporzionato sì. Giamma, invece, è un metro e cinquanta e porta il mio stesso numero di scarpe. Se sporge quel testone che si ritrova un po' in avanti, rischia di cadere.

Ho gli occhi grandi e color nocciola, come i capelli. Al contrario di mamma e di Leonora, sono un po' riccio e la mia carnagione è scura come quella dei meridionali che vedo sempre in un teleromanzo che si intitola "Un posto al sole". Con nonna Olimpia non ce ne perdiamo una puntata!

Forse mio padre è di Napoli anche lui. Sarebbe forte: da quelle parti sembrano molto più sorridenti che qui.

La mia bocca è abbastanza carnosa e la fronte è un po' alta. Il naso è leggermente a patata, però non tanto da farmene un complesso, come Antonio, che al posto del naso ha la proboscide di Dumbo l'elefantino.

Come Dumbo io ho le orecchie, in compenso, e quando parlo in modo particolarmente concitato, la loro punta si muove senza che possa impedirlo. Visto? Potrei scrivere sì!

Per inciso: la Pani ha i figli più brutti del mondo. Se avessi dei figli brutti così li nasconderei, altro che incorniciarli e tenermeli tutto il giorno davanti agli occhi, sulla scrivania! Per forza poi che una si incattivisce e fa sentire gli altri bambini dei poveri stupidi dicendo che possono diventare scrittori mentre intende il contrario. Comunque, figli o meno, a me la direttrice fa paura.

«Mi perdoni se l'ho fatta venire» continuava rivolta a mamma, «però cerchi di capire la mia posizione... dovevo sincerarmi che si trattasse solo di un equivoco. Oggigiorno se ne sentono di tutti i colori...»

Dico io: una che usa termini come "oggigiorno" avrebbe bisogno o no di un dizionario dei sinonimi e contrari? Secondo me sì. E anche di una bella bastonata sulla testa.

«È così, mi creda!» ha risposto mamma, rimettendosi il poncho e facendomi segno di vestirmi. «Uno stupido equivoco causato da uno sciocco bambino.»

Non posso crederci: ha sottolineato le parole "sciocco" e "bambino" guardandomi dritto negli occhi. Comincio a protestare ma lei mi tira un pizzico sotto il tavolo e io dico: «Ahi», così me ne tira uno più forte e allora sto zitto perché al terzo finisce che mi metto a piangere.

La direttrice sembra finalmente soddisfatta. Certa gente non riconoscerebbe la verità nemmeno se ci sbattesse contro.

«Posso parlarle ancora un istante in privato?» ha chiesto a mia madre (che vuol dire che io devo uscire dalla stanza).

«Gauss, per favore, aspetta in corridoio!»

Sai cosa me ne frega: ci sento benissimo anche oltre la porta, che si credono?

«C'è un'altra questione della quale avrei bisogno di discutere con lei, signora Bassi» sussurra la direttrice alla mamma, appena sono uscito.

«Dica pure», sento spostare la sedia su cui era un attimo fa e accomodarsi nuovamente. Se fosse credente a questo punto sgranerebbe il rosario pregando che non le vengano rivolte domande simili a quelle con cui la tormento io tutti i giorni.

«Come può immaginare» comincia la Pani, «ogni anno il corpo docente stila un programma coerente che attraversi ogni materia in modo trasversale. Cioè a dire che il progetto dell'albero genealogico che ha scatenato l'immaginario di Gauss fa parte di un *unicum* più ambizioso per insegnare a questi ragazzini una maggiore consapevolezza di se stessi.»

Mi domando se mamma stia capendo qualcosa, perché io no.

«Per farla breve: è nostra intenzione condurre gli alunni a un primo approccio verso la conoscenza del corpo umano e della genetica, nonché dell'educazione sessuale.» Fa una piccola pausa: «Badi... si tratta solo di un'infarinatura!». La direttrice prende fiato mentre mia madre, posso quasi sentirlo, trattiene il suo: «Ma quando abbiamo chiesto ai ragazzi di fornire il loro gruppo sanguigno e quello dei genitori per il compito di scienze, Gauss si è rifiutato di terminare regolarmente la lezione ed è corso in bagno, dove è rimasto barricato fino al suono della campanella. Mi sa spiegare la ragione?».

«In realtà sì» attacca mia madre con il tono tipico di quando recita la parte, «il papà di Gauss e io siamo separati da poco...»

E vai con una serie di balle a raffica, da fare impallidire Pinocchio. Le ho già sentite raccontare tipo un milione di volte, in mille occasioni diverse e in altrettante svariate versioni. Una volta mio padre è morto, un'altra lavora all'estero, altre i miei hanno avuto una separazione difficile ma ora hanno buoni rapporti... se solo non si fosse trasferito in Canada con la nuova famiglia! Ci manca solo un papà che si è fatto prete missionario. Che schifo! Sento una sedia che si sposta e poi un'altra.

«Non sa che sollievo provo, signora Bassi. Le confesso che per un attimo ho temuto qualcosa di più preoccupante.»

«Lo sa come sono i bambini!» ridacchia nervosamente mia madre. «Ingigantiscono ogni cosa a dismisura.»

«Ha proprio ragione. Grazie ancora e... signora Bassi?»

«Sì?»

«Allora posso dire all'insegnante che domani Gauss arriverà con tutti i dati per il suo compito?»

«Senz'altro.» La porta si apre: «E buona giornata».

«Altrettanto.»

La mamma esce con un sorriso di circostanza stampato sulla faccia ma se lo toglie subito non appena mi vede e capisce che ho sentito tutto. Allora arriccia la bocca e mi alza per un braccio, nemmeno fossi un pupazzo.

«Vergognati» bofonchia. Non si rende conto che dei due chi avrebbe dovuto finire dalla direttrice è lei. A ben pensarci, forse in fin dei conti è andata proprio così!

***

Arranco in silenzio cercando di tenere il passo di mia madre, che fuma dal naso come un drago. All'angolo con via Paolo Onorato Vigliani si blocca di colpo.

«Perché hai scritto quelle cose nel tema?» me lo chiede guardando davanti a sé, esasperata e triste.

«Perché sono vere.»

«So benissimo che sono vere! Ma se un estraneo le legge può farsi delle idee molto sbagliate sulla nostra famiglia» sospira, mentre ricomincia a camminare e a trascinarmi, «idee molto, molto brutte e sbagliate.»

«Perché?», mi trema la voce un po' dalla rabbia e un po' dalla paura perché sento le dita della mamma iniziare a pruderle.

«Perché sì!» mi strattona il braccio: «Non so più come spiegartelo: dire la verità non significa necessariamente che la gente sia disposta ad accettarla.»

«Sì invece, se le spieghi tutto per benino!» insisto.

Nella mia famiglia c'è poca fiducia nell'intelligenza altrui, così mi sento in dovere di aggiungere: «E anch'io capisco, che ti credi?», faccio l'espressione di chi sa più del dovuto.

«Con questo che vorresti dire?», mamma sembra poco colpita e molto irritata.

«Lo sai benissimo» borbotto.

«No, invece.»

«Dico che non arrivo da un fungo, né da un cavolo né da una cicogna», tutte le volte che ci penso sento una rabbia... «Le fiabe che ti inventi non mi aiuteranno a completare il mio albero genealogico. Sapere chi è mio padre invece sì!»

Mamma mi lascia la mano e arretra di un passo. Fa un respiro profondo ma tutto quello che ha da dire è: «Devo tornare al lavoro. Ne riparliamo un'altra volta».

«Quando?»

«Non lo so!»

Se la prende come se l'avessi appena insultata.

È sempre la stessa storia tutte le volte che domando di lui. A tre anni mio padre era un supereroe, a cinque un eremita, a sette un esploratore. Adesso che non sono più così piccolo da bermi qualunque cosa, è semplicemente uno stronzo di cui non si può sapere neppure il nome. Uno stronzo che mi farà prendere insufficiente in italiano, per giunta!

Quando arriviamo sotto casa, mamma si piega sulle ginocchia e mi fissa dritto negli occhi. Sembra aver recuperato la calma.

«Sarebbe meglio non raccontare alla nonna per filo e per segno quello che è successo. È anziana e non è il caso di farla preoccupare inutilmente», mi accarezza la testa, cosa che detesto. «Intesi?»

Faccio di sì col capo e incrocio le dita dietro la schiena. L'ho visto fare in un vecchio film e mi è sembrato un compromesso accettabile.

«Dille solo che hai male da qualche parte, poi me la vedo io» si rialza.

«Ma non è vero: io sto benissimo!» azzardo, mentre mi tira un pizzicotto sul braccio così forte che caccio un urlo.

«Così va meglio?» e mi mette sull'ascensore.

«Che cosa fai a casa?» chiede la nonna quando finalmente sente il campanello e viene ad aprirmi. Ha le mani tutte sporche di terra perché da un po' le è presa la fissa della botanica.

«Mi fa male il braccio», le mostro il segno rosso.

«Chi te l'ha fatto?»

«Mamma» dico.

«Perché?» chiede.

E siccome è maleducazione non rispondere, vuoto il sacco.

Quando ho finito, lei scuote la testa e torna alle sue piante. Mi sa che per turbarla ci vuole ben altro!

Nonna Olimpia ha ottantasei anni, i capelli lunghissimi fatti di panna Elena e un sacco di segreti che non vuole dirmi anche se sa benissimo che li scoprirò, così come ho scoperto che la Madonnina di Lourdes che nasconde sotto il materasso non contiene acqua santa ma acquavite.

La nonna di sicuro sa chi è mio padre o, se non altro, almeno come si chiama. Solo che persino lei, che normalmente è pronta a dare spiegazioni su tutto, quando tocco l'argomento pare un'anguilla fuori dall'acqua, tanto si agita e si dimena.

L'ultima volta in cui l'ho messa alle strette ci è addirittura toccato chiamare il medico perché la pressione le è salita alle stelle. A un certo punto si è anche fatta il segno della croce e questa cosa mi ha preoccupato più di tutto il resto.

Non fa per niente ridere: una volta ho visto un servizio sulle messe nere. C'erano dei satanisti che legavano delle ragazze su un altare per offrirle in regalo al demonio, il quale deve preferirle bionde e con le tette grandi, perché erano tutte più o meno così. Alla fine quelle morivano una dopo l'altra, infilzate o bruciate. Una sola era riuscita a fuggire e quelli della tv l'avevano subito intervistata: sembrava uno zombie e diceva cose da far drizzare i capelli in testa a un calvo.

Non ricordo come mi sia scattata nel cervello l'idea che mio padre potesse essere uno di quegli incappucciati del diavolo. Probabilmente è stato un pensiero automatico, visto che io mio padre d'istinto provo a vestirlo con i panni di mezzo mondo, fatto sta che quest'idea ha cominciato a tormentarmi sempre di più. E siccome sono abbastanza suggestionabile, a un certo punto ne sono stato quasi sicuro.

Ora, se pensaste di essere figli di Satana, non vorreste essere certi che vi sbagliate? Be', io sì. Ho cercato conforto nella nonna ma lei mi ha sgridato perché avevo approfittato del suo sonnellino per guardare una cosa tanto orribile. Subito dopo ha aggiunto di farmi furbo perché: «Se esiste un demonio, bambino mio, quello è il tizio che ha inventato la tv».

«Chi è stato, a inventarla?» le ho chiesto.

«Il nonno di Berlusconi» ha detto.

Così mi sono tranquillizzato: mamma non avrebbe mai fatto un figlio con un vecchio.

Una cosa è certa: mia nonna non ha un rapporto lineare con la televisione. È un po' come se l'avesse sposata: senza non sa stare, ma intanto la critica di continuo. Il più delle volte si limita a guardarla tenendo spenti gli apparecchi acustici, dice che è il solo modo perché le faccia davvero compagnia. Sostiene che ascoltare certe stupidaggini la farebbe sentire in compagnia sì, ma di persone indesiderate.

Guardare la tv senza audio è una delle nostre attività preferite. Le siedo in braccio, lei abbassa del tutto il volume e comincia a doppiare attori e presentatori in un modo del tutto personale. È così che mi racconta la storia, la geografia e le scienze. Le labbra di Maria De Filippi e dei suoi tronisti sono state perfette portavoci del contenuto di tutte le novantacinque tesi di Martin Lutero. Anche se non era parte del programma scolastico, ammetto che è stato divertente.

Quest'anno, nell'ora di storia, non si fa che parlare di Merovingi e Carolingi. Il maggior approfondimento di entrambi, quando arrivo a casa e torno a essere sotto la giurisdizione della nonna – che non so se l'ho detto ma una volta faceva la maestra –, viene affidato alla faccia di Emilio Fede.

Emilio Fede doppiato da una nonna fa una certa impressione. Un po' come sentire parlare il lupo di Cappuccetto Rosso dopo che s'è mangiato la vecchia, immagino.

Sia chiaro: nonna Olimpia mi ha insegnato anche un sacco di altre cose che non hanno niente a che fare con la televisione. Da lei ho imparato a giocare a ramino, a dama, a scacchi e a conoscere tutte le parole del mondo. Ok, magari non proprio tutte, però quasi.

Ogni sera, da che ho quattro anni, prima di andare a dormire prendiamo il dizionario dei sinonimi e contrari e leggiamo insieme un vocabolo nuovo ad alta voce. Poi lo scriviamo sul quaderno delle scoperte, che non è più "il" quaderno delle scoperte, ma "uno dei" quaderni delle scoperte perché ormai ne ho sedici.

Sfortunatamente non ci sono tutte le parole. Per esempio le parolacce no e nemmeno alcune espressioni che si dicono "gergali" perché non fanno ufficialmente parte della lingua italiana. Tanto per dirne una, tempo fa ho letto sul muro della scuola di mia sorella "Mi piace mettermi a strapparadicchio" firmato Francesca e col numero di telefono.

Hai voglia a star lì a chiedere cosa volesse dire: facevano tutti delle facce stranissime ma intanto nessuno mi rispondeva. Così un giorno mi sono stancato e ho chiamato Francesca.

«Ciao» dico, «sei Francesca?»

«Sì.»

«Piacere, io sono Gauss.»

«Chi?»

«Gauss» ripeto.

«Luca, sei tu? Guarda che ti ho beccato» ridacchia.

«Non so di chi parli. Io mi chiamo Gauss Bassi.»

«Ok» non sembra convinta, «che cosa vuoi, Gauss Bassi?»

«Ti ho chiamata perché ho saputo dello strapparadicchio e volevo chiederti...»

Cade la linea. Rifaccio il numero.

«Francesca?» chiedo.

«Vaffanculo, stronzo!» urla. E mette giù.

Non sono il tipo che si lascia scoraggiare se ha una missione da portare avanti, ma a un certo punto ho dovuto rinunciare se no arrivava una bolletta da non asciugarsi più gli occhi e, anche se ancora oggi ogni tanto mi salti in mente di chiedere informazioni a qualcuno, nel quaderno delle scoperte la parola "strapparadicchio" è rimasta tutta sola a capo pagina, senza definizione.

Per fortuna è un caso abbastanza raro perché con le parole ci so fare da matti. È grazie a loro che lascio la gente a bocca aperta come un funambolo del circo durante l'esibizione: tutti si stupiscono che sappia parole come "nevrosi", "utopia", "archetipo" (potrei andare avanti per ore), ma per me è normalissimo.

La cosa più utile che ho imparato grazie alla nonna, però, è come si decifra il "dadese", una variante dell'alfabeto farfallino, con cui mamma a volte le parla per non farsi capire da me.

Il "dadese" è molto semplice, per parlarlo è sufficiente aggiungere "da", "de", "di", "do", "du" dopo la vocale corrispondente. Per esempio, per dire "Ciao come stai?" si dirà: "Cidiadaodo, codomede stadaidi?". Per decodificarlo, basta fare l'operazione inversa, ma la nonna non ha mai voluto mettterselo in testa. Siccome però è molto orgogliosa e non ammetterebbe mai di non capire niente di "dadese" a meno che mia madre non lo parli a gesti o al rallentatore, ben presto mi ha spiegato a spanne le regole del gioco di modo che potessi tradurglielo. Ci ho messo un po' ma alla fine ho capito.

Ovviamente è cessato all'istante lo scopo di segretezza per cui era stato inventato, il che al sottoscritto è stato utile in parecchie circostanze.

Per esempio, capitava che mia madre dicesse: «Madammada, odocchidiodo chede Gadauduss madangidi lada cadarnede!».

(Traduzione: mamma, occhio che Gauss mangi la carne!)

Nonna faceva "ok" con le dita e, non appena la mamma era uscita di casa, mi chiedeva: «Che ha detto?».

«Che questa settimana sono stato bravo quindi posso avere dieci pacchetti di figurine e, a pranzo, formaggio e patatine fritte al posto della carne.»

Tutto questo succedeva prima che mi stufassi di fare domande e ricevere in cambio sciocchezze. Con il tempo ho capito che le bugie non sono così divertenti quando le subisci e un giorno, durante l'ora di religione, mi si è accesa una lampadina. Anche se l'idea che esista un Dio non è molto popolare nella mia famiglia, la teoria di Gesù sulla verità che rende liberi mi è subito andata a genio.

Questa è mia famiglia. L'ho trovata per conto mio. È piccola, è disastrata, ma bella.

LILO & STITCH

La nonna è una patita della cucina grassa, il che significa olio, burro e formaggio grattugiato in quantità. Se li prepara lei, persino i finocchi, le carote e gli spinaci prendono un buon sapore. Leonora le dice continuamente che è colpa sua se prende peso. Quando diventa troppo petulante, nonna spegne gli auricolari e aggiunge un pezzetto di burro alla pietanza.

«Come mai sei a casa?» Quando mi vede, Leonora stringe gli occhi come un gatto. Ha, le unghie pitturate di viola e uno strato di polvere azzurra sulle palpebre. Pare una di quelle orrende bambole di porcellana che vendono nel negozio di antiquariato in piazza.

«Chiedilo a mamma, se proprio te ne frega di saperlo.»

«Invece lo chiedo a te. Come mai sei a casa?»

Ecco che cosa intendo quando dico che è insopportabile!

«Non te lo voglio dire!»

Fa spallucce, come se non le interessasse, ma la verità è che con me non la spunta. Credo cominci persino a temermi, perché da un po' ho preso a difendermi e a ricambiare le sue cattiverie.

Un paio di settimane fa, per esempio, ho costruito uno spaventapasseri in cortile con i suoi vestiti. Si è arrabbiata da matti!

Se vuoi far impazzire Leonora basta che rispondi a qualcosa che dice con qualcosa che non c'entra niente. Meglio se si tratta di una cosa che riguarda il suo aspetto fisico ("ti sei macchiata la camicetta", "che cos'è quella roba bianca che hai in testa"... tipo così).

«Hai del prezzemolo tra i denti» le indico la bocca.

Se stessimo parlando di una ragazza normale, ormai mi sgamerebbe al volo. Siccome invece, per l'appunto, è scema, si alza e corre regolarmente in bagno a controllare.

«Sei proprio un idiota!» esclama quando torna.

Senti chi parla!

Fosse per me la lascerei anche stare: non sono mai stato un tipo vendicativo. Davvero! Però quando è troppo è troppo. Leonora mi fa dispetti in continuazione. Mi nasconde le cose, scova il mio diario e ci scrive delle frasi poco simpatiche in modo che le trovi quando sono a scuola e mi arrabbi come una bestia, mi frega l'ultimo boccone dal piatto (che quasi sempre è il più buono).

Certe volte addirittura si nasconde dietro le porte e strilla quando passo io. Arrivo e la cretina fa "BUUUUU", nemmeno avesse cinque anni. Siccome sono sempre sovrappensiero perché, al contrario di lei, ho moltissime cose su cui ragionare, a me viene il singhiozzo dallo spavento e quella ride, ride fino alle lacrime. La uccido. Giuro: prima o poi le faccio venire un infarto io, di quelli veri. Aspettando quel momento, mi infilo di nascosto nella sua camera in cerca di materiale con cui ricattarla o anche solo prenderla per i fondelli.

La biancheria intima che indossa, per esempio, offre ottimi spunti: le sue mutande sono talmente piccole che a stento riuscirei a infilarle io e dietro hanno una striscia di cotone che sembra fatta apposta per entrarti nel sedere. La scorsa settimana ho scoperto che ha fotografato il pisello del suo ragazzo e lo tiene nelle pagine di un libro che si intitola *I dolori del giovane Werther*. Non so se a Gabriele farebbe piacere e nemmeno al giovane Werther.

Leonora ha la mania delle fotografie: ne ha appese un centinaio alle pareti. Quasi sempre c'è lei in pose stupide o con delle amiche ancora più stupide, sempre che sia possibile.

Per spiegare com'è fatta mia sorella mi basta dire che

ha un ingrandimento in cui mi tiene davanti all'obiettivo prendendomi da sotto le ascelle con aria disgustata mentre il sottoscritto – che all'epoca aveva appena tolto il pannolone – si piscia sotto e piange con il moccio al naso. Il tipo di immagine che andrebbe bruciata, ma la bastarda invece la tiene lì, in bella mostra. Se questa non è crudeltà mentale, ditemi voi come devo chiamarla!

«Mangiate, se no vien tutto freddo!» Nonna Olimpia si siede e noi ci riempiamo la bocca di purè di patate. Qui però lo chiamano "purea".

«Oggi pomeriggio viene Gabriele» bofonchia Leonora mordicchiandosi un'unghia. «Vedi di non romperci le palle come l'ultima volta se vuoi restare tutto intero» mi avverte.

Povero ragazzo. Ci si è messa insieme tipo due giorni dopo esserci trasferiti e da quel momento non gli ha più dato tregua. Diciamo che Leonora non è una a cui piace perdere tempo. Soprattutto non è una a cui piace stare senza il ragazzo. Perlomeno questo qui è in gamba, al contrario di certi tizi che sono passati da casa nostra.

Ce ne sono stati un paio davvero da farci un film.

Me ne ricordo uno in particolare che faceva l'istruttore di qualcosa, tipo boxe. Si chiamava Tony, ma secondo me Toby gli sarebbe stato meglio. Sembrava uno di quei cani con il muso schiacciato e, nonostante non parlasse mai, faceva un casino pazzesco quando respirava. "Fiuuu fiuuu", un sibilo dal naso da far girare la gente per strada.

«Perché non lo porti dal veterinario?» ho chiesto una volta a tavola. La nonna a momenti si strozzava con la cotoletta, tanto rideva.

Leonora ha risposto che sono il solito stronzo e ha ignorato la nonna (perché lei, col cavolo che può insultarla), fatto sta che da quel giorno di Tony non abbiamo più sentito parlare.

Gabriele per fortuna non fischia col naso, non si mette continuamente le dita nelle orecchie e, soprattutto, mi vuole bene.

All'inizio lo vedevo poco perché lui abita ad Asti e siccome era senza macchina non veniva spesso. Invece ora che ha preso la patente è tutto diverso. Lui e Leonora hanno una compagnia di amici da queste parti e il sabato sera si organizzano e vanno a ballare in un posto che si chiama De Niro, come un attore americano che piace tanto alla nonna.

Quel ragazzo con mia sorella ha una pazienza mai vista e non la manda a stendere nemmeno quando comincia a fare quelle sue tipiche lagne da femmina.

"Sono grassa: cosa credi, che non lo legga nei tuoi occhi?", "Voi uomini fate tutti schifo!" e il suo cavallo di battaglia: "Lasciamoci, tanto lo so che non te ne frega niente!".

Io avrei già preso la palla al balzo un milione di volte ma lui, se proprio vede che quel giorno non gira, invece di litigarci prende me e mi porta a fare le sgommate nel parcheggio del lavamacchine con la sua vecchia Fiat Uno scassata, sempre piena di mozziconi di sigaretta e altre schifezze.

Qualche volta lo guardo e penso che sarebbe fantastico se fosse mio padre. Cioè: so che è troppo giovane, ma una persona abbastanza simile a lui sarebbe proprio un bel colpo. Un momento: e se mio padre fosse molto più giovane della mamma? Magari, ritenendosi troppo piccolo per crescermi, si è spaventato ed è fuggito via.

Del resto, lei rompe proprio con questa cosa della maturità: mi fa una capoccia così sul fatto che bisogna crescere, diventare uomini e non solo per modo di dire. È in fissa tanto che quando nonna le suggerisce di uscire con qualcuno, lei dice che non le interessa, che gli uomini sono tutti infantili! L'ho sentita io, con queste orecchie!

Però pensa che figata un padre giovane che ti porta con sé al bar o a giocare a palle di neve o che so io. Questo pensiero del baby-papà mi ha eccitato talmente che un giorno ho guardato negli occhi Gabriele e gliel'ho confessato.

Non è stato facile perché temevo mi avrebbe preso in giro, invece non mi ha risposto di farmi furbo né mi ha riso in faccia.

«Dici sul serio?» ha chiesto.

«Cavoli, sì!» e siccome lo vedevo stupito gli ho raccontato quello che mi frullava per la testa: del papà-amico e tutto il resto, intendo.

Non mi fermavo più. Ho parlato un'ora di fila peggio di mia sorella e quando ho esaurito tutto quello che avevo in testa mi sono sentito meglio.

Gabriele ha ascoltato in silenzio senza intervenire mai. Poi mi ha messo le mani sulle spalle e ha detto: «Cavolo: mi piacerebbe un casino!», poi ha aggiunto: «Comunque, anche se non sono tuo padre posso sempre essere tuo cognato!». Si è grattato il mento. «O una specie di fratello adottivo, va'.»

«Sul serio?», ho sempre sognato un fratello maschio. Forse anche più di un padre maschio. Perciò l'idea mi ha fatto subito salire un groppo in gola. Come quando volevo tantissimo la pista delle macchinine e mamma ha detto «a Natale», e invece me l'ha regalata un giorno qualsiasi e per poco non mi veniva un colpo a trovarmela montata nella mia stanza così... all'improvviso.

«Grazie!» ho urlato abbracciandolo.

«Prego. Adesso però smettila di rompere i coglioni e vai a studiare», mi ha dato una piccola pacca dietro la nuca che tanto piccola non era, ma a me è sembrata una carezza.

In quel momento ho deciso che non fa niente se mio padre gli somiglia o no: io da grande voglio diventare come Gabriele. Però starò con una fidanzata furba e non con una stupida gallina come quella che si è scelto lui, Dio solo sa perché.

Quella sera, mentre pensavo a come sarebbe stata la mia vita avendo per padre una persona così, mi sono reso conto che una persona così non mi avrebbe mai abbandonato. Mai e poi mai. Dopo quel pensiero sono diventato triste. Non posso fantasticare che papà sia una brava persona: dire sempre la verità anche quando parli da solo ha i suoi inconvenienti.

* * *

Terminato il pranzo, nonna Olimpia mi ha detto che, se finisco di studiare in tempo, alle quattro posso andare a giocare da Azzurra, che abita a due isolati da casa nostra. Conosco la nonna: cerca solo di evitare che tra due ore Leonora ricominci a starnazzare perché sto troppo intorno al suo ragazzo. Sono tentato di dire "no grazie, sto a casa" giusto per dare in testa a mia sorella. Se non lo faccio è solo perché stare con Azzurra mi piace più della Nutella, della mia bici e dei tre film dell'*Era glaciale* messi insieme. Questo, nonostante sia una bambina femmina.

Azzurra è entrata nella mia vita come un temporale nel deserto, quando ormai credevo che sarei morto di sete. La mia famiglia si è trasferita a Casale Monferrato nel bel mezzo dell'anno scolastico ma, anche se la scuola era cominciata da un pezzo, chissà perché ero convinto che al mio arrivo avrei trovato uno stuolo di compagni ben disposti e pronti a fare amicizia. Invece il mio primo giorno è stato un disastro completo.

La direttrice mi ha salutato freddamente, senza un sorriso né una parola gentile. Quelle le aveva usate tutte per mia madre, che si era presentata a scuola tenendomi per mano e definendomi un bambino "particolare". Non credo sia stato un colpo di genio, perché la Pani è stata la prima, non certo l'ultima, a guardarmi con sospetto da subito. Era come se dicesse: "Ti tengo d'occhio, ragazzo" e mi pare che, a distanza di due anni, non abbia mai smesso di mantenere la promessa.

Credevo che sarei stato accompagnato per mano dalla mamma nella mia nuova vita e nella mia nuova classe, invece mi è toccato entrarci da solo.

Ho bussato alla porta, sbagliando l'aula per l'agitazione. Tutti i bambini hanno riso sguaiatamente, sbattendo le mani aperte sul banco. Dopodiché, un'insegnante quasi senza capelli mi ha traghettato dalla B alla C, tenendomi una mano appoggiata alla spalla come un cieco che si aspetta che tu gli faccia attraversare la strada.

La maestra Carla ha ringraziato la collega rispedendola al suo posto prima che l'altra terza sfasciasse l'aula, e mi ha rivolto uno sguardo interrogativo. Credo di essere stato viola in viso, non rosso o amaranto. Viola o anche peggio, se è mai possibile. Imbarazzato al punto che, quando mi è stato chiesto di presentarmi, sono scoppiato in singhiozzi come un idiota.

Lentamente mi rendevo conto di aver perso per sempre i miei vecchi compagni, in cambio di questi orribili bambini nuovi, vestiti come piccoli indossatori invece che con la tuta da ginnastica, come me.

Dopo un tempo infinitamente lungo, durante il quale tutti mi hanno bombardato di domande stupide che miravano soltanto a mettermi in difficoltà ulteriore, la porta della classe si è spalancata per la seconda volta. Era Azzurra, con i suoi capelli scompigliati e il sorriso grande come il mondo.

«Scusate il ritardo» ha detto grattandosi la fronte e, subito dopo, rivolta solo a me: «Sei il bambino nuovo?!»

Non lo stava chiedendo: che fossi io era evidente. Voleva solo farmi capire che già si era parlato del mio arrivo. Era il suo modo per dirmi che tutti quegli occhi sospettosi che avevo puntati addosso erano fuori posto più di noi due messi insieme.

«Piacere, io sono Gauss», le ho teso la mano come un manichino di legno.

«Un nome nuovo, finalmente!»

È stato lì che ho capito in modo assoluto e definitivo che era una bambina fuori dal comune.

«Vuoi sederti vicino a me?»

E siccome non avevo mai desiderato così tanto qualcosa in tutta la mia vita, ho semplicemente lasciato che intrecciasse le sue dita alle mie e mi trascinasse con sé, come l'onda una conchiglia sulla spiaggia.

Qualunque cosa accada, sarò sempre al tuo fianco, per sempre.

POCAHONTAS

Il vantaggio di abitare in un paese piccolo è che si è molto più liberi di scorrazzare per conto proprio.

Quando stavo a Torino, non avevo quasi mai il permesso di andare in giro senza un adulto. Qui invece vado e torno da scuola, da casa di Azzurra, dalla libreria Coppo – che è il mio negozio preferito – e dai giardinetti dietro casa che dopo le sei di sera diventano "i giardinetti dei tossici", ma prima sono quelli dell'half-pipe, una specie di pista a U dove dei tizi cazzutissimi si lanciano con lo skateboard.

Spesso me ne sto lì a fissarli dalla solita panchina verde con il mio skate in mano e il caschetto sulle ginocchia, sperando che prima o poi mi venga il coraggio di fare come loro. Quello però finora non è mai arrivato: forse sono un vigliacco. Mio padre deve esserlo di sicuro se no mica sarebbe sparito così! Può darsi che, vedendo la mamma diventare sempre più grassa per via di me che le crescevo dentro, si sia spaventato. "Se non tornasse più come prima?" potrebbe essersi chiesto. E magari, al solo pensiero, via... se l'è data a gambe! Peggio per lui, perché adesso mamma è magrissima e ha un sacco di corteggiatori che le telefonano, anche se lei non esce con nessuno perché ha me e io sono l'uomo della sua vita.

Lo dice sempre e la cosa un po' comincia a preoccuparmi. Cioè: sono contento, ma qualche volta penso che mi piacerebbe se la mamma trovasse un secondo uomo della sua vita. Insomma: quando sposerò Azzurra mi farà comodo un vice perché mica posso essere l'uomo della vita di tutte e due ventiquattr'ore su ventiquattro! Specie se, come temo, in me sonnecchia un vigliacco pronto a scappare. Chi può dirlo? Forse neppure il mio sangue mente, però preferirei avere un sangue bugiardo, in barba al mio amore per la verità.

Se ora conosco tante cose sui gruppi sanguigni è grazie a Giulia, la ragazza della libreria Coppo.

«Posso aiutarti?» mi ha domandato, sistemandosi una ciocca di capelli dietro l'orecchio.

Ho detto: «Forse sì. Lo spero» e poi le ho raccontato del compito per scuola, della faccenda dell'albero genealogico e della direttrice che ha convocato mia madre.

«Perché ti sei nascosto in bagno?» mi ha chiesto lei, che è simpatica e ha la tendenza a fare un sacco di domande.

«Non mi sono nascosto. Hanno visto benissimo tutti dove stavo andando.» È la verità. «Mi è girato il boccino e sono corso via» ho ammesso.

«I boccini non girano mica da soli» ha sorriso. «Qualcuno deve farteli girare se no quelli stanno fermi dove sono, come tutto ciò che è inanimato.»

«Già» ho tagliato corto per non entrare troppo nel vivo del problema, «puoi aiutarmi per la ricerca?»

Alla fine Giulia ha tirato giù dallo scaffale in alto un volume scientifico e mi ha spiegato tutta una roba complicatissima, il cui sunto però è molto facile: io posso avere o il gruppo sanguigno di mamma o quello di mio padre. Siccome so per certo che mamma è 0 positivo e io sono AB negativo, il conto è presto fatto. Per trovare mio padre devo cercare un AB negativo come me! Improvvisamente penso al dizionario dei sinonimi e contrari: "negativo" non vuol mai dire una bella cosa.

«Posso farti una domanda?»

«Spara!» Mi fa un po' ridere quando un adulto parla con uno della mia età sentendosi in dovere di usare termini che non userebbe mai con un coetaneo. Credo che i grandi lo facciano per farci credere che ci capiscono, che non hanno dimenticato come ci si sente a dieci anni e che puoi fidarti di loro perché parlano la tua stessa lingua. A me però, che quella lingua non l'ho mai parlata nemmeno a cinque anni, sembrano solo molto buffi. Ci sono passato sopra perché Giulia mi piace sul serio.

«Ti ricordi quando mi hai raccontato di quella signora di Cerrina che aveva ucciso tutta la famiglia?»

Ha fatto un cenno perché continuassi.

«Era saltato fuori che anche sua madre era stata in galera, giusto?»

«Certo, sì.»

«Ecco: sai mica di che sangue fossero quelle due?»

Giulia ha scosso la testa, perplessa: «Non ne ho idea, perché?».

«Così. Tanto per sapere.»

«Capisco», chissà perché mi è sembrata divertita, «comunque il sangue non c'entra con le predisposizioni familiari!»

«Dici davvero?», stavo già meglio.

«Te lo posso giurare!»

«Perché quando mi hai raccontato questa storia hai detto "buon sangue non mente"?»

«È solo un modo di dire, tesoro.»

«Giura!»

«Ma certo!»

«Sul tuo onore?»

«Su quello che vuoi!», ha messo la mano destra sul cuore.

«Cavolo, grazie!», le ho dato un bacio e sono corso da Azzurra, leggero come una piuma.

* * *

Camminare è rilassante. Per lo meno, io la vedo così. Infatti sono l'unico di tutti i miei compagni che preferisce i piedi o lo skate alla bici.

Casale Monferrato è circondata dalle colline e in questa stagione i colori sono bellissimi, quasi commoventi, come dice nonna Olimpia.

Ai lati delle strade, tra piccoli ciuffi di erba, cominciano a spuntare le lucertole più temerarie, quelle che escono dai muri di campagna e che si spingono fuori dal loro habitat per farsi schiacciare sotto le ruote delle auto in corsa.

La maestra Carla ci racconta spesso che nei pressi del passaggio a livello, più o meno dove sto passando adesso, una volta c'era una stradina che portava a casa di certi zii dai quali aveva passato l'infanzia, in una frazione sperduta di cui si è perso anche il nome.

La tenuta di questi suoi zii, che dovevano essere molto ricchi, si sviluppava a esagono intorno a una chiesetta sconsacrata e fatiscente.

«Da lì» ci racconta, testuali parole «si diramavano vicoli e strade di un acciottolato autenticamente medievale, ricchi di storie e di leggende. Le più conosciute narravano di spiriti nascosti tra le pietre e di ragazzi usciti a giocare a nascondino e mai più tornati a casa, risucchiati nelle feritoie e trasformati in pietra essi stessi. Negli anni, l'intera frazione sembra avere subito la stessa sorte: inghiottita dalle pareti del mondo per scomparire agli occhi dei più, pur continuando a esistere.»

Ho imparato tutta la storia a memoria perché mi piace troppo. Non lontano da una piccola via che porta alla chiesetta fatiscente, abita Azzurra.

È l'amica che sta più vicina a casa mia di tutti i miei compagni, ed è anche quella che ha la casa più normale. Giamma e Antonio abitano entrambi in ville enormi, con la stanza dei giochi separata da quella in cui dormono e un bel po' di verde intorno.

Non vado spesso dalle loro parti, perché ci vuole un sacco di tempo ad arrivarci, a meno che qualcuno non ti dia uno strappo con l'automobile. La macchina più comune qui è il Suv: non so perché, dal momento che le strade sono asfaltate, ma le mamme della collina ne posseggono tutte quante uno. Più è grande, meglio è.

Quando arrivo, Azzurra è nera (ah ah ah). Se ne sta seduta al centro del letto e borbotta come se ripassasse una poesia. Ma, dalle parolacce che dice, intuisco che è solo arrabbiata.

«Ciao Gauss» solleva la testa e mi guarda, senza però sorridere.

«Che c'è? Sei arrabbiata?» le chiedo, sedendomi sulla sponda del letto.

«Secondo te?»

«Secondo me sì.»

«Infatti» conferma, indicando tutto intorno a lei con il palmo della mano aperta.

«Cos'è successo?», mi accorgo soltanto ora della gran quantità di gommapiuma che mi circonda. Tutti gli spigoli, il termosifone e parte delle pareti sono rivestiti di spugna, attaccata con dello spesso scotch argentato, tipo quello che si usa per imballare i pacchi.

«Secondo te?»

«Secondo me tuo padre sta proprio esagerando.»

«Infatti.»

Chi dice che le ragazze sono complicate non ha mai conosciuto Azzurra. La comunicazione con lei è così semplice che a volte non ci credo nemmeno io.

Quando saremo maggiorenni la sposerò e lei sposerà me. In questo modo il signor Crespi non potrà più trattarla come se fosse di vetro.

«Sei inciampata di nuovo?»

Lei alza la frangetta e mi mostra un livido sulla tempia sinistra.

«È davvero blu!»

«Già.»

Azzurra da un po' di tempo cade, si sbuccia o si fa bernoccoli da qualche parte. Il suo problema è che ogni tanto inciampa perché una gamba ha uno spasmo improvviso o le ginocchia non le reggono. È una bella scocciatura però anche a me è successo di cadere, qualche volta, e non per questo sono stato ritirato da scuola o qualcuno mi ha imbottito la casa di cuscini.

«Ti fa male?»

«Non molto.»

Restiamo zitti per un pezzo. Poi lei tira su col naso rompendo il silenzio.

«Perché piangi?»

«Credo di essere malata. Come mia madre.»

«Tua madre è morta!»
«Intendo prima che morisse, scemo!»
«Sì, ma poi è morta!» insisto.
«La pianti di dire quella cosa? Lo so che è morta, che cosa credi?»
«Intendevo dire che non è possibile che tu abbia la stessa malattia perché lei è morta e una cosa del genere a te non può succedere: hai solo dieci anni!»
«Ma che stai dicendo? La gente muore continuamente e a tutte le età: ci sei mai stato al cimitero?»
«No. Perché dovrei esserci stato? A me non è ancora morto nessuno.»
Azzurra sbuffa. Penso che forse si sente sola, così le racconto che in realtà è morto Skippy, il mio pesce rosso. Quando ce ne siamo accorti, la nonna l'ha preso per la coda e l'ha gettato nel gabinetto. Poi ha tirato l'acqua e fine. Non credo che funzioni così anche per le persone. Comincio a pensare a un'enorme tazza del cesso in mezzo al camposanto. Mi scappa quasi da ridere ma poi penso che cosa sta dicendo Azzurra e mi prende un'angoscia pazzescamente forte.
Me lo ricordo benissimo il giorno in cui è morta Letizia. È stato l'anno scorso, prima che Azzurra si ammalasse di varicella. Prima che venisse ritirata dalla quarta elementare e che la sua stanza fosse trasformata in una gabbia. E siccome qualche volta accadono le cose brutte in un modo assurdo, per dispetto era successo proprio il giorno in cui Azzurra aveva strillato a sua madre che voleva scappare di casa perché era una mamma cattiva. Era cattiva perché non le aveva comprato il Lego anche se aveva promesso.
Da un po' le assicurava che sarebbero andate in via Roma da Amico Giò. Azzurra la sua parte l'aveva fatta: aveva preso ottimo nel compito di tabelline. Voleva solo riscuotere il premio. Lo aveva detto la mamma che se avesse preso un bel voto avrebbe finalmente avuto la scatola con la stazione dei pompieri.
Azzurra si era già infilata il giaccone e aveva persino messo sciarpa e cappello, che solitamente detestava e non c'era verso di farglieli indossare. Ma sua madre si era ri-

fiutata lo stesso di accompagnarla. Per il terzo giorno di fila si era nascosta dietro a un mal di testa feroce e quindi... ancora niente Lego.

«Fammi andare da sola!» aveva proposto Azzurra, cantilenando implorante.

«Ho detto che ci andiamo domani, insieme.»

«Sono grande. Posso andare da sola!»

«Il negozio non scappa: smettila con questi capricci!»

Ma invece lei non l'aveva smessa. Era corsa in camera sua e aveva continuato a piangere e a urlare «Non è giusto!», a dire che era cattiva e che le aveva detto una bugia: tanto lo sapeva che la stazione dei pompieri non gliel'avrebbe comprata mai.

Ho sentito mia madre raccontare alla nonna la faccenda dell'ironia della sorte, che poi ho scoperto voler dire che Letizia era malata di SLA da tre anni e tutti pensavano sarebbe morta di quello, invece, mentre Azzurra singhiozzava che presto sarebbe scappata di casa, Letizia aveva un ictus nella camera a fianco.

Quando il signor Crespi era rincasato, quel silenzio innaturale lo aveva messo subito in agitazione. Sua moglie lo aspettava sul divano, composta, come se non fosse morta davvero. Sembrava talmente non morta che risultava quasi impossibile rendersi conto all'istante della situazione.

Se n'era andata così... in punta di piedi. Lasciando nella sua famiglia un senso di rabbia e di impotenza. Il magone testardo come quello di certi film tristi sì, ma non abbastanza da farti piangere.

«Vuoi che ti aiuti a togliere questa roba?» azzardo.

«No», Azzurra si asciuga gli occhi, «andiamo a fare una passeggiata?»

«Puoi?»

«Sì. Se c'è qualcuno con me, papà non rompe tanto», mi fa il primo sorriso da venti minuti, «e poi di te si fida: dice che sei un intellettuale.» Non so bene che significhi, ma sembra un complimento.

Quando Azzurra si alza vorrei abbracciarla perché lei è mia. Tranne i membri della mia famiglia, abbraccio sempre tutto quello che amo. Anche la bicicletta, il microscopio, lo skate e il caschetto (che uso sia per la bici sia per lo skate).

Azzurra è la più bella di tutte queste cose: è alta quasi una spanna più di me e ha i capelli un po' chiari e un po' rossi, un po' lisci e un po' ricci. Ha gli occhi verdi e una pioggia di lentiggini sul naso a patata. E ha la bocca grande, da orchessa più che da principessa.

Un giorno o l'altro andrò a parlare con il signor Crespi e gli dirò come stanno le cose. Gli spiegherò per filo e per segno come mai nei prossimi otto anni, prima che ci sposiamo, non deve farla sentire così. Gli farò capire che è già abbastanza imbarazzante inciampare nei propri piedi senza che a scuola i compagni pensino che non frequenti più le lezioni perché hai una malattia infettiva come la lebbra o che non vai mai alle feste di compleanno perché sei costantemente in punizione.

* * *

Fare una passeggiata con Azzurra significa solo e sempre raggiungere una specie di giardino segreto (più che altro abbandonato) a cinque isolati da casa sua e a sette dalla mia, in direzione della campagna. Una volta era lo spazio esterno di un ristorante, ma adesso che del locale sono rimaste solo le rovine, Azzurra dice che è diventato nostro. Abbiamo litigato quando le ho detto che io non lo volevo proprio per niente: lei si è arrabbiata e ha risposto qualcosa che aveva a che fare con le perle e con i maiali. Non so davvero cosa ci trovi: il cancello è arrugginito e non si chiude più, le finestre sono piene di ragnatele e l'unico albero al centro del cortile è un olivo nodoso e mezzo scalcagnato. Ho provato un sacco di volte a suggerire di andare da qualche altra parte – tipo al giardino dell'half-pipe – ma Azzurra non sente ragioni perché "non esiste un posto migliore per giocare agli scienziati".

«Basta con questi scienziati, mi sono stufato» le ho detto l'altro giorno quando proprio non ne potevo più.

«Come fai a essere stufo se non abbiamo ancora finito?», mi ha guardato come se fossi scemo.

«Finito di fare cosa?»

«Di trovare i tuoi genitori, no?» ha sbuffato.

Io non ho voglia di cercare i genitori anche quando gioco perché già penso a mio padre tutto il giorno e poi mi sembra che, alla fine, con Azzurra si facciano sempre delle cose da femmina. Mai una volta che giochiamo agli indiani, coi Gormiti o a gara di parolacce come con Giamma. Sempre e solo agli scienziati e, tra l'altro, la scienziata è lei! Io sono un ragazzino che vive in un nido su un albero perché è stato rapito dalle aquile appena è nato.

Azzurra cerca di convincermi per ore a scendere dall'olivo e, quando finalmente ci riesce, mi mette una molletta dei panni sul naso e tre nei capelli e mi fa la macchina della verità.

Il perché non lo so, ma quando provo a chiederglielo mi guarda in quel modo tale e quale a quello in cui guardavo i bambini spastici delle colonie estive a Loano, così ho rinunciato.

«Hai portato il quaderno?» mi domanda sedendosi sulla panchina e lasciando dondolare i piedi come una pendola.

«Non vuoi giocare al bambino rapito dalle aquile?», mi sento sollevato al solo pensiero.

«Ce l'hai o no?» Ha ragione: sono stato io il primo a dettare la regola che non si risponde mai a una domanda con una domanda.

«Sì», lo porto sempre con me.

«Me lo fai vedere?»

Tiro fuori il quaderno e lei lo esamina attentamente.

«Tutto qui?», quando ha finito sembra delusa.

«Guarda che mica è facile! Trovare un padre non è come cercare una bicicletta rubata.»

«Perché, ne hai mai trovata una?» sorride davanti alla mia espressione interrogativa. «Di biciclette rubate, intendo.»

«No.» Mi lascia sempre senza parole: tutte le volte che credo stia per dire una cosa, ne dice un'altra più intelligente o buffa o sensata di quella che avevo in mente. «Comunque, c'è poco da ridere: mia madre non è mai stata interessata a scoprire chi fossero i suoi genitori, Leonora ha un padre di cui conosce a malapena il nome e io del mio non so nemmeno quello» mi monta il nervoso. «Gli altri hanno un albero genealogico, io un arbusto!»

«Sono sicura che è bellissimo lo stesso!» Azzurra mi fa una carezzina sulla testa, manco fossi un cane, e poi cambia discorso: «Davvero Antonio ha sputato nel caffè della maestra Carla?» legge l'ultima frase che ho scritto sul quaderno delle scoperte.

«Certo!», nemmeno io ho ancora voglia di parlare di queste cose.

«Forte», ride. Poi torna serissima: «L'altra settimana io ho scoperto che la mia mamma sarebbe morta anche se non avessimo litigato».

«Forte!», le prendo la mano. Non so chi l'abbia convinta, ma è proprio forte!

«Dài, sali che giochiamo alla scienziata», mi lascia la mano e mi dà una pacca sul sedere.

Forse non è a scuola che impariamo per la vita,
ma lungo la strada di scuola.

HEINIRCH BÖLL

La quinta elementare è la classe peggiore. Lo è per le maestre, per gli allievi, per il compito sull'albero genealogico e, soprattutto, per la recita di fine anno. Stavolta il tema è "Omaggio a Italo Calvino".

Odio recitare perché devo imparare tutto a memoria e mi faccio due palle così, peggio che a giocare alla scienziata. Se non altro, quando faccio il bambino rapito dalle aquile posso metterci del mio, invece qui, se improvvisi un paio di battute tanto per ridere, le maestre ti strillano che non è un gioco. Ah no? Perché io credevo che lo fosse. Recitare è come raccontare qualcosa che tutti sanno non è mai avvenuto veramente. Una specie di menzogna regolamentare. Pensandoci bene, nasciamo e cresciamo credendo a Babbo Natale, alla fatina dei denti e alle favole. Abbiamo inventato il cinema, i romanzi e i cartoni animati. Io stesso faccio scorpacciate di fumetti perciò suppongo di dover essere elastico. Però prendere una recita tanto sul serio per me resta una cosa da matti.

Siamo tre quinte a esibirci. La Pani un giorno è entrata in tutte e tre le classi e ha spiegato che dobbiamo prendere questa faccenda molto sul serio visto che chi verrà a vederci pagherà addirittura il biglietto. I soldi dei biglietti andranno tutti alle famiglie delle vittime dell'eternit che, come mi ha detto la mamma, è la ragione per cui ci siamo trasferiti a Casale (il che è assurdo, visto che è la stessa ragione per cui chi può si trasferisce *da* Casale).

Giorgia, che ha il negozio di stoffe più bello del paese, ci aiuta con la scenografia e il Comune ha concesso un teatro intero tutto per noi. È bellissimo e ci vanno pure gli attori veri. Forse è per questo che le maestre hanno cominciato a preparare lo spettacolo di fine anno a ottobre.

La mia prima recita, tre anni fa, non era stata meno stressante, anche se per altri motivi. In seconda elementare, quando andavo a scuola a Torino, avevamo messo in scena *Pierino e il lupo*, anche se a me sembrava più giusto chiamarlo *Pierini e i lupi* perché c'erano dieci Pierini e quattordici lupi diversi. Credo che il pubblico si sia persino confuso, a un certo punto.

La maestra Mariuccia mi faceva venire il mal di testa perché correva tutto il tempo avanti e indietro per dirigerci e pareva che volesse fare tutto lei. Io pensavo che se ci teneva tanto a beccarsi un applauso dai genitori bastava dirlo: per quel che mi importava le avrei lasciato volentieri il posto, tanto a me non fregava un fico secco visto che non avevo nessun papà a vedermi e mia madre quella volta era andata a recuperare Leonora a scuola sua che si era rotta il braccio. Conoscendo mia sorella, magari se lo sarà scassato apposta per rovinarmi la giornata. Così la nonna si era vestita di tutto punto ed era venuta lei, cosa che, col senno di poi, avrei preferito non avesse fatto. Era l'unica persona anziana della sala e applaudiva di continuo anche quando non doveva. A un certo punto aveva persino urlato il mio nome perché pensava stessi per essere mangiato da uno dei lupi, al posto dell'oca. Volevo morire!

Dopo lo spettacolo ci avevano dato un video. L'ho buttato nel cassonetto.

Stamane ci risiamo: dobbiamo fare le prove perciò le maestre sono isteriche, come quando mia sorella ha le mestruazioni: litigano continuamente con quelle delle altre sezioni convinte che non si veda.

«Restiamo uniti, amici!» mi fa Giamma raggiungendo me e Antonio nella fila, «così almeno ci divertiamo.»

«Ne dubito!» La prima volta che ci hanno radunati per portarci in palestra, a me per un momento è sembrato di essere un piccolo ebreo in fila per la camera a gas, come quelli del film *Il bambino con il pigiama a righe*. Ora va meglio, ma preferirei lo stesso tornare in classe e non se ne parli più.

Antonio non risponde: è troppo impegnato a togliersi una caccola dal naso. Quando ci riesce, se la rigira soddisfatto tra le dita prima di mettersela in bocca. È veramente una cosa che fa vomitare, ma non riesco a smettere di guardarlo, un po' come quando c'è un gatto con le budella di fuori lungo il ciglio della strada e, anche se vorrei essere morto per non vederlo, finisce sempre che resto a fissarlo finché mi gira la testa. Antonio invece è più il tipo che un gatto lo sbudellerebbe apposta, solo per il gusto di smontarlo e vedere cosa c'è dentro. Non per cattiveria: è proprio fatto così. Per esempio, l'anno scorso ha scritto "Alessia T.V.B." sul muro del bagno dei maschi con la cacca usando lo scopino del cesso come pennello.

Alessia però non ha mai saputo chi era stato quindi, a mio avviso, è stato solo uno spreco di tempo. E di popò.

Giamma sta zitto e guarda in terra: è arrabbiato perché voleva a tutti i costi essere Marcovaldo, ma quello è stato assegnato alla quinta B. *Il cavaliere inesistente* tocca alla A e a noi della C restano le *Fiabe italiane*. Punto. Così siamo stati divisi in gruppetti e ci è toccata la storia di *Giovannin senza paura*.

Nella recita, Giovannino lo fa Lamberto Orioli, figlio del sindaco di un paesetto di cui non ricordo il nome. Nella classe è il peggior antipatico in assoluto. So da pettegolezzi tra genitori che si è beccato la parte di Giovannin senza paura solo perché sua madre ha promesso alla direttrice didattica che avrebbe sfruttato le sue conoscenze per fare pubblicità all'evento.

Lamberto è grasso come un tacchino ripieno e si dà arie quasi fosse lui il sindaco. Mi prende sempre in giro e racconta un sacco di cavolate per farsi bello.

È colpa sua se molti pensano che Azzurra non si faccia più vedere in giro per una qualche malattia contagiosa. C'è stato un periodo in cui tutte le notti sognavo di spaccargli la faccia ma, ogni volta che mi decidevo, Augusto, suo fratello maggiore, ci aveva pensato prima di me e allora lasciavo stare.

Se non altro, nella recita io sono il mostro orrendo che tenta di spaventarlo. Mi si vede poco ma sono lo stesso il co-protagonista. Sempre meglio che fare una delle comparse della Compagnia con la bara (come Marika, Giacomo e Maurilio), che dicono solo "*Miserere mei, miserere mei*".

GIOVANNIN SENZA PAURA

C'era una volta un ragazzetto chiamato Giovannin senza paura, perché non aveva paura di niente. Girava per il mondo e capitò a una locanda a chiedere alloggio.

«Qui posto non ce n'è» disse il padrone, «ma se non hai paura ti mando in un palazzo.»

«Perché dovrei aver paura?»

«Perché *ci si sente*, nessuno ne è potuto uscire altro che morto. La mattina ci va la Compagnia con la bara a prendere chi ha avuto il coraggio di passarci la notte.»

Figuratevi Giovannino! Si portò un lume, una bottiglia e una salciccia, e andò.

A mezzanotte mangiava seduto a tavola, quando dalla cappa del camino sentì una voce: «Butto?».

E Giovannino rispose: «E butta!».

Dal camino cascò giù una gamba d'uomo. Giovannino bevve un bicchier di vino.

Poi la voce disse ancora: «Butto?»

E Giovannino: «E butta!» e venne giù un'altra gamba. Giovannino addentò la salciccia.

«Butto?»

«E butta!»

E così via finché non si compose tutto il corpo. Quando l'uomo fu tutto intero disse a Giovannino di seguirlo e lui, che non aveva niente di meglio da fare, andò.

In un sottoscala c'era una porticina e dietro la porticina una scala a chiocciola. Alla fine della scala trovarono una pietra e sotto la pietra, tre marmitte d'oro.

«Di queste marmitte una è per te» e gli si staccò un braccio e s'arrampicò per il camino. «Un'altra è per la Compagnia che ti verrà a prendere credendoti morto», e gli si staccò anche l'altro braccio e inseguì il primo. «La terza è per il primo povero che passa», gli si staccò l'altra gamba e rimase seduto per terra. «Il palazzo tienilo pure tu», e gli si staccò il busto e rimase solo la testa posata in terra. «Perché dei padroni di questo palazzo, è perduta per sempre ormai la stirpe», e la testa si sollevò e salì per la cappa del camino.

Appena schiarì il cielo, si sentì un canto: «*Miserere mei, miserere mei*» ed era la Compagnia con la bara che veniva a prendere Giovannino morto. E lo vedono alla finestra che fumava la pipa.

Giovannin senza paura con le monete d'oro fu ricco e abitò felice nel palazzo. Finché un giorno non gli successe che, voltandosi, vide la sua ombra e se ne spaventò tanto che morì.

Finite le prove, che questa volta per fortuna sono durate solo due ore, dalle nove alle undici perché siamo andati al teatro una classe alla volta, torniamo a scuola. Tornare a scuola mi rompe quasi quanto fare le prove perché ora mi toccherà sopportare Marika. Me l'hanno appioppata come compagna di banco dopo che il signor Crespi ha ritirato Azzurra, e non è una bella cosa.

Marika è figlia di Dana, una signora rumena che da quasi un anno viene a fare le pulizie e le punture alla nonna. Mentre Dana è un tipo a posto – educata, gentile e, soprattutto, pulita –, Marika ha sempre le croste ai lati del naso, dice un sacco di parolacce e va malissimo a scuola. Secondo la nonna bisogna essere pazienti perché suo papà è in prigione, poverina. Allora io che cosa dovrei dire? Il mio potrebbe essere dappertutto. Persino a spasso a uccidere bambini e a nasconderli nel bosco. Oppure latitante o in fin di vita. Però di questo non importa niente a nessuno e, anzi, ora le maestre mi hanno pure messo quella lì vicino.

Antonio e Giamma invece sono i compagni che preferisco. Hanno una collezione pazzesca di figurine dei Gormiti e non temono niente e nessuno. Nemmeno la direttrice Pani, che a me invece la fa fare nei pantaloni e tutte le volte che entra in classe ho paura che voglia me, come la Compagnia con la bara che va a prendere Giovannino morto.

Quando suona l'intervallo, se c'è bel tempo si va in cortile a giocare a rialzo o a palla avvelenata. Possono giocare solo quelli che hanno finito la merenda e siccome io mangio lento, di solito partecipo solo gli ultimi cinque minuti. Antonio e Giamma, che sono due schiappe e vengono eliminati quasi subito, spesso mi tengono compagnia.

Mentre mangio il panino al prosciutto e li aspetto, arriva sempre qualcuno ancora più schiappa di loro a sedersi vicino a me perché è stato eliminato. Per sfortuna, la maggior parte delle volte si tratta di Marika.

«Perché ci metti così tanto tempo a mangiare il panino?» mi chiede con il tono di chi ha appena subito un torto.

«Non lo so. Per via della buona digestione, credo.»

«Mmmh» ci pensa un attimo, «ok.» Sembra soddisfatta. «Ti piacciono i miei orecchini?», indica due coccinelle rosse attaccate ai lobi.

Faccio spallucce: «Che vuoi che mi importi degli orecchini?»

Sembra delusa per due secondi, ma le passa subito.

«La prossima volta che ci sono le prove della recita, se vuoi ti suggerisco» propone, perché oggi ho sbagliato due battute.

«Grazie, ma posso fare da solo.» Mi viene da sputarle in un occhio: a momenti non sa nemmeno allacciarsi le scarpe e fa pure la splendida?

«Giochiamo alle parolacce?»

«No.»

«E dài...»

«No, ho detto.» Dio santo: questa è proprio una zecca!

«Ti prego!»

Arrivano Antonio e Giamma: «Possiamo giocare?».

«No» insisto, sapendo già come va a finire se acconsentiamo. Ma quella se ne frega e comincia, rivolta a loro due.

«Cretino.»

«Scema» ribatte Giamma.

«Idiota.»

«Puzzolente» interviene Antonio.

«Bastardo.»

«Puttana.»

«Troia.»

«Zoccola.»

«I sinonimi non valgono!» Se proprio bisogna fare questo gioco, tanto vale mettere delle regole decenti.«Oltre al fatto che ora toccherebbe a Marika insultare.»

«Brutta scrofa» fa Antonio senza nemmeno ascoltarmi.

«Ciccione sparascoregge» ribatte Marika finalmente.

Bisogna darle atto che ha colpito nel segno: il puzzone è pure finito in infermeria per una scurza!

Ci aveva trascinati tutti in bagno e aveva consegnato a Giamma un accendino dicendogli di avvicinarglielo al culo e di girare la rotellina quando gli avesse dato il via. Poi aveva fatto un peto assurdo e ordinato all'altro di accendere la miccia. Fiummm: il suo ano si era trasformato nella bocca di un drago e aveva sputato una tale fiammata da portargli via la prima pelle. Per due ore nella stanza si era sentito un odore simile al pollo bruciato.

«Rumena di merda!» Antonio sferra il colpo finale senza passare la palla a Giamma che è rimasto zitto.

Marika si mette a piangere e corre dalla maestra.

«Lo sapevo» li rimprovero, «ve l'avevo detto che finisce sempre così.»

Risultato: dopo l'intervallo la maestra Carla ci fa una ramanzina sul razzismo. Io taccio ma mi monta un gran nervoso perché nessuno in classe è razzista con Marika. Solo che, se si fa la gara di parolacce, non è che poi si possa stare a guardare tanto per il sottile. Ma la maestra Carla è davvero fissata con questa storia. Ci racconta sempre di suo nonno che era stato deportato dai nazisti, ma per fortuna era sopravvissuto. Ce la mena talmente che qualche volta ho pensato che mi spiace quasi. Non per cattiveria, ma se fosse morto non avrebbe potuto tornare a raccontare tutto alla nipote e ora lei ci parlerebbe più spesso delle sue materie e meno di gente polverizzata che passa attraverso i camini. Tutte le volte che ce ne parla mi vengono i brividi e la notte faccio incubi bruttissimi. Da che so dei campi, di camini non voglio più sentir parlare nemmeno se legati a Mary Poppins o a Babbo Natale.

La maestra non è fissata solo con gli ebrei. Infatti in classe c'è anche un bambino di colore (il colore è marrone perché è etiope) che si chiama David. È stato adottato quando era molto piccolo quindi parla benissimo l'italiano, e se dico che è antipatico e prepotente non è perché non ci capiamo. Ogni volta che giochiamo insieme, decide lui le regole, sempre diverse e in suo favore. Le cambia in continuazione ed è pure abbastanza manesco. Quindi un giorno gli ho detto "faccia di merda". Giuro che non pensavo alla tinta della sua pelle. Potevo dire "faccia di culo", ma lì per lì non mi è venuto in mente.

I miei compagni – ma soprattutto Giamma e Antonio –, che non aspettavano altro che qualcuno desse il "la" alla rissa, anche loro giù a dirgli di andarsene, di levarsi dalle palle ché tanto nessuno avrebbe più giocato con lui.

Tornati in classe siamo stati tutti puniti tranne David. Quella sera ho scritto sul quaderno delle scoperte che essere nero è la cosa migliore per avercela sempre vinta.

Uno studente è una persona che risponde
a delle banalità con delle banalità.

ERNEST ABBÉ

Mia madre deve aver avuto una giornata pesante perché quando torna a casa ha gli occhi spessi come bomboloni, il che mi ricorda che sono quasi le sette e devo apparecchiare: metto la tovaglia di stoffa sopra quella cerata che serve per proteggere il tavolo, e sto attento che il coltello e il cucchiaio stiano a destra mentre la forchetta sempre a sinistra. Se c'è il dessert, il cucchiaino va messo tra il bicchiere e il piatto di portata. Nonna ci tiene parecchio.

Stasera c'è la panada, che è una specie di cotoletta alla milanese ma fatta con i grissini sbriciolati invece del pangrattato. Una cosa da lacrime agli occhi, se la carne è tenera e fa la sua parte.

«Com'è andata a scuola, amore?», mamma saluta la nonna, poi viene da me e mi dà un bacio sulla fronte.

«Secondo me, bene» rispondo.

«E secondo la maestra?», poggia i palmi delle mani sui fianchi come se ogni volta che parlo le cadessero le braccia.

«Questo dovresti chiederlo a lei» svicolo.

Il pasto serale è l'unico momento della giornata in cui la famiglia è riunita. Normalmente parliamo tutti e quattro insieme, così nessuno capisce niente e si finisce con il litigare per aggiudicarci un brandello di spazio come un branco di cani l'unico osso.

Stasera, però, Leonora non apre bocca. Ha una faccia come se qualcosa ci fosse caduto sopra dal cielo, schiacciandogliela. Dice solo che è stanca. A me sta bene, così posso avere tutta l'attenzione.

«Ha detto la nonna che hai preso ottimo in geografia» mamma sembra soddisfatta.

«Sì, ma stavolta era facile» ammetto. La mamma mi attira a sé e mi stringe forte forte: «Sei un genietto, altro che balle».

Magari non sarò un genio, però ammetto che di geografia ne capisco abbastanza. È la materia che preferisco e siccome mi piace anche fare i temi, se l'insegnante assegna un compito scritto per me è il massimo.

«Mi fai vedere?» Corro a prendere il quaderno giallo e glielo mostro.

ALESSANDRIA
di Gauss Bassi

Questa città, come molte altre, sorge sul fiume Tanaro. Si trova in uno dei punti più bassi della pianura piemontese ed è un importante centro ferroviario.

Ha parecchie industrie, come quella dei profumi Paglieri che sono della stessa marca del borotalco con la scatola celestina che usa sempre mia nonna Olimpia. Lei se lo mette dopo il bagno su tutto il corpo aiutandosi con una specie di piumino che somiglia a quello per togliere la polvere.

L'industria più famosa di Alessandria e dintorni è quella dei cappelli di feltro, che nacque nel 1857 per opera di un artigiano, Giuseppe Borsalino, che insegnò a pochi lavoranti il segreto di pressare i peli del coniglio per ottenere il feltro. Ora la fabbrica Borsalino importa le pelli di milioni di conigli dall'America.

Finito di leggere, la mamma mi restituisce il quaderno annuendo, ma senza commentare. Nonna prende la palla al balzo e si lamenta del mal di schiena. Le facciamo notare che, se non passasse tante ore a piantare basilico inginocchiata sul balcone, forse la sua artrosi ne gioverebbe.

«Lo sapete che Gesù sta arrivando?» mi scappa dalla bocca all'improvviso, come un fuoco d'artificio sfuggito al controllo dell'artificiere. È tutta la sera che ho voglia di avvisarle.

«Che stai dicendo?», mamma mi fissa sbigottita, ancora col mio quaderno in mano mezzo aperto.

«Così finalmente scopriamo se tutta quella faccenda della religione è vera. Non siete contente?»

«Come no. Hai parlato con qualcuno per strada, di questo? Qualcuno con una valigetta e delle riviste in mano?»

«Tipo i testimoni di Geova?»

«Che ne sai tu dei testimoni di Geova?», la nonna sembra stupita.

«Una mia compagna è così. Però no: non credo che c'entrino qualcosa. Ma su tantissimi muri ci sono attaccati dei foglietti che dicono che Gesù sta arrivando. Sono ovunque!».

«Sei proprio un cretino» salta su Leonora. «Quel Gesù lì è un corriere della droga.»

«Cavolo!» Chi poteva immaginarlo?

«Allora è proprio vero» sospira la nonna accennando un sorriso tra le gengive, «non ci si può più fidare di nessuno!»

«Non ho mai fatto una cena così noiosa né mangiato una panada peggiore», mia sorella si alza da tavola all'improvviso e fa per uscire.

«Trovare un buon macellaio non è facile!» le urlo dietro perché ho paura che la nonna ci sia rimasta male. Invece ride, non so per quale motivo.

«Che c'è di così buffo?»

«Cucciolo, non te la prendere!», mamma mi stampa un bacio sulla fronte. «Che cos'ha Leonora?» chiede poi alla nonna.

«Avrà i suoi corsi!» Nonna Olimpia chiama le mestruazioni in questo modo. «Vuoi che vada a parlarci?»

«Non importa. Ci vado io tra un attimo.»

Poi invece resta e cominciano a discutere di gente morta e di malattie, che è il loro argomento preferito. Per una volta mia sorella ha ragione: mi sto facendo due palle così e la panada era abbastanza indigeribile. Non come i discorsi che fanno queste due, però.

Posso capire mia nonna, che ormai gioca con la vita come se si trattasse di una partita a dama dove la morte si mangia le altre pedine una dopo l'altra. Però mamma è giovane e l'ultima volta che l'ho vista star male è stato quattro anni fa per via dell'influenza. Nonostante la salute di ferro, nell'armadietto del bagno, dietro lo specchio, colleziona medicine: scatole piatte e in 3D, grandi e piccole, bicolori o monocrome. Blister, capsule e supposte. Fiale e boccette. Antipiretici, antinfluenzali, antidepressivi, antispastici.

Nonna Olimpia dice che mamma considera la medicina una religione, ma non ha ancora individuato il dio a cui votarsi e procede a tentoni confidando indistintamente nei rimedi tradizionali e nelle discipline olistiche: nell'omeopatia, nello yoga e nelle proprietà curative dell'aloe.

All'improvviso, proprio quando sto per alzarmi anch'io da tavola, mamma si avvicina alla nonna e le prende la mano: «Ha telefonato il cimitero monumentale. Tra quindici giorni bisogna andare a tumulare Terenzio».

«Che cosa vuol dire?» Finalmente un argomento nuovo!

«Che devono togliere il nonno dalla bara e metterlo dentro una cassettina» geme la nonna, prima di tornare a cercare gli occhi di sua figlia: «Con il rischio che, come l'ultima volta, quello sia ancora intonso e con gli occhi sbarrati di un gallo a cui hanno appena tirato il collo.»

Mia madre abbozza: «Potremmo evitare di scendere nei particolari?».

«Cosa significa "intonso"?»

Quando torno in camera prendo un appunto sul quaderno delle scoperte:

"Oggi ho scoperto che, quando ti seppelliscono, non è sempre una cosa definitiva."

> Il miglior momento per tenere a freno la lingua è quando senti che devi dire qualcosa per non scoppiare.
>
> JOSH BILLINGS

Da casa nostra a scuola mia ci sono otto isolati, da scuola mia allo studio dove lavora la mamma altri due isolati. La mattina facciamo il percorso tutti e tre insieme perché il liceo di Leonora è a metà strada tra le elementari e lo studio del dentista.

Oggi mia sorella ha detto che non si sente bene ed è rimasta a casa. Nemmeno la mamma sembra particolarmente in forma. Cammina lenta, come se una volta tanto non avesse fretta di arrivare.

Non solo: invece di fare la solita viuzza, passiamo da una strada secondaria, che costeggia i campi. La natura è molto bella in questa stagione: tutto vira su mille toni di verde e di giallo differenti. I girasoli piegano la testa di lato, seguendo luce e calore, e anche di mattina presto l'aria è dolce come quella di certe poesie.

«Ti farebbe piacere andare all'Acquario di Genova, questo weekend?» salta su improvvisamente la mamma.

Strabuzzo gli occhi: si è sempre rifiutata di portarmici, nonostante glielo abbia chiesto un milione di volte.

«Certo!» esulto.

«Se vuoi possiamo chiedere al papà di Azzurra se la lascia venire con noi. Che ne dici?»

Non dico niente perché so già che c'è l'inghippo.

«Stasera viene a cena Livio», mia madre fa una specie di sorriso.

Bingo!

Livio Cito è il dentista a cui mia madre fa l'assistente di poltrona e la segretaria da una vita. Quando suo fratello si è ammalato di eternit ed è morto, ha deciso di tornare a Casale dai genitori anziani (che l'anno scorso sono morti anche loro lasciandogli un pacco di soldi, come se già non ne avesse abbastanza).

La mamma poteva scegliere tra un'onesta liquidazione e la possibilità di spostarsi qui anche lei. Prendere o lasciare. Quando ci ha detto che di lasciare non se ne parlava, per una settimana a casa mia sembrava fosse scoppiata la guerra.

La nonna aveva abbandonato gli auricolari nel cassetto e camminava per le stanze in silenzio, rifiutandosi persino di accendere il televisore. Leonora starnazzava come una gallina spennata che se l'avessimo separata dalle sue amiche di Torino sarebbe morta, e io piangevo di continuo senza convinzione, solo per non sentirmi escluso. Sentirmi escluso è la cosa che mi fa stare peggio insieme al sentirmi basso.

La mamma era sempre di cattivo umore e ripeteva ossessivamente che, come al solito, era sola come una bestia e che nessuno di noi si rendeva conto di come alla sua età fosse più facile cambiare città che cambiare lavoro.

E così è stato.

La cosa assurda è che, mentre noi ci organizzavamo per migrare tra le verdi colline del Monferrato, la moglie di Cito ha fatto le valigie e se n'è andata. Come biasimarla? "Liviocito" sembra il nome di un parassita. E infatti, manco a dirlo, da quel giorno ce l'abbiamo sempre tra i piedi: e invitiamolo a cena che è triste, e usciamo a mangiare il gelato che non ha nessuno con cui parlare... per forza! Avete presente un lemure? Ecco, preciso identico! Con quella dentatura sbiancata da pubblicità e l'atteggiamento di uno che sa sempre tutto. Mi fa venire voglia di dirgli chiaro e tondo quanto mi sembri imbecille, ma non posso per via della mamma che di sicuro perderebbe il lavoro e mi darebbe un sacco di legnate. Ma, soprattutto, col cacchio che mi porterebbe più a Genova!

«Ok» borbotto, «ma sappi che quello che mi hai appena fatto si chiama ricatto.»

* * *

A mia nonna piace andare a fare la spesa al supermercato DiMeglio. Anche se, dopo tutta la povertà che ha passato da piccola per colpa di suo padre che era un dissoluto, adesso dovrebbe togliersi lo sfizio di comprare solo nelle gastronomie di lusso e fregarsene.

«Secondo me c'è di meglio!» le dico tutte le volte anche se, a dire il vero, a me questo posto piace perché le cassiere sono gentili e le cose da mangiare buone come in tutti gli altri posti.

La nonna ride come se non avesse mai sentito prima questa battuta e mi mostra i due dentini aguzzi che le restano appesi alle gengive.

Non so perché rifiuti tanto ostinatamente di farsi la dentiera, ma la evita come la peste. La scusa è che le fa impressione, ma secondo me è soprattutto per il costo.

Anche se mamma le ripete in continuazione che lavorando da un dentista praticamente sarebbe gratis, lei scuote la testa perché «di favori non ne voglio chiedere». Niente da fare.

Nonna Olimpia ha un carattere particolare e, come quello con la televisione, anche il rapporto che ha col denaro è un po' difficile da capire se non la si conosce bene: non ama i soldi (sono sporchi, creano le guerre, puzzano...) ma non li spende volentieri e se li tiene stretti, cuciti dentro la federa del cuscino come se volesse portarseli anche a letto.

Forse è per quello che ha passato da ragazza.

«La povertà è un cancro: non sempre si può curare, amore mio, ma c'è chi se ne fa una ragione e chi continua a credere che prima o poi ne guarirà.»

Il padre della nonna doveva essere di questa seconda categoria perché, anche se non poteva permetterselo, l'aveva spedita a studiare economia domestica e pianoforte dalle suore, come allora facevano le ragazze di buona famiglia.

«Sono stata un investimento, secondo lui», a questo punto del racconto di solito la nonna rideva amaramente. Ci credo! Le compagne ricche mettevano il suo stesso grembiule come se ognuna di loro non immaginasse cosa ci fosse dietro quelle divise tutte uguali.

Emma Bianciotti, per esempio, era la figlia di una modista e indossava sempre cappelli strani e così bellini da generare l'invidia non solo delle compagne, ma anche delle suore stesse che gliene sequestravano uno alla settimana (sostenevano che fosse sfacciato ostentare in quel modo la propria vanità). Emma faceva spallucce e il giorno dopo compariva con un copricapo ancora più estroso.

Lucilla Larsi, invece, aveva la mamma parrucchiera e i suoi capelli biondi scintillavano lucidi di brillantina sotto il cerchietto di velluto.

Francesca Mosca era l'unica figlia di una coppia anziana e i suoi genitori avevano una delle panetterie più frequentate della zona.

Francesca, Emma e Lucilla mangiavano torta di mele per merenda e non pane con burro e zucchero (spesso senza nemmeno lo zucchero) come lei.

Cosa avrebbero potuto indossare, quelle compagne fortunate, sotto il grembiule, se non capi di sartoria impeccabili e costosi?

Nonna Olimpia aveva capito molto presto che puoi mettere tutti i grembiuli che ti pare, ma la vera divisa te la infilano quando vieni al mondo.

«C'è chi nasce con la cosiddetta camicia e chi avvolta in uno straccio da cucina» mi ha detto un giorno seria seria. «C'è chi è figlia di sarti, panettieri o arricciacapelli e porterà il grembiule con la consapevolezza che si tratta di poche ore per poi uscirne come una farfalla dalla crisalide. E c'è chi il grembiule non vorrebbe toglierselo mai, per non sentirsi nuda come un verme.»

Arrivati quasi davanti al supermercato si ferma e mi prende per le spalle: «Intendi consumare le suole delle scarpe per protesta, o cosa?». Le sue iridi scure galleggiano nel bianco come un pesce rosso nella palla di vetro.

«Non capisco perché quel cavolo di dentista debba venire sempre a cena da noi!» Sbuffo, piantandola lì di strusciare i piedi per terra a ogni passo.

«A te che importa? Sono io che gli cucino, mica tu!» Altro sbuffo. «E sono sempre io che lo vedo sezionare qualsiasi cosa gli metta nel piatto quasi stesse facendo un'autopsia!» aggiunge, stringendomi la mano un po' più forte. È un gioco che facciamo spesso: lei mi strizza la mano due volte e io faccio altrettanto. Poi lo fa tre volte o una e io la seguo. È una cosa scema, però la facciamo da quando sono piccolo e credo che la faremo anche quando andrò in pensione.

«Non piace nemmeno a te, vero?»

«Mica deve piacere a me» nicchia.

«Lo sapevo, non ti piace!», per un attimo mi sento soddisfatto. Poi mi assale il dubbio: «E alla mamma piace?». Storco il naso. Il solo pensiero mi fa venire voglia di vomitare.

«Cos'è, sei in umore di terzo grado? Se ci tieni tanto a saperlo, chiedilo a lei! Che posso capire io, di queste cose? Sono vecchia!»

Entriamo nel supermercato e cominciamo a mettere la spesa nel carrello: lei la pasta, io i Kinder Bueno, lei le lenticchie, io i Buondì Motta.

«La pianti?», prende le merendine e le rimette a posto sullo scaffale.

«Di fare che?»

«Di infilarmi roba nel carrello, disgraziato. Sono vecchia, mica scema!»

«Ti aiutavo» mi difendo.

«Non ce n'è bisogno.»

«Allora perché mi hai portato?»

«Perché mi tenessi compagnia.»

Vuole che le legga la data di scadenza sulla confezione delle uova.

«Tredici giugno. Ma se quando ti parlo mi tappi la bocca!»

«Fammi capire: lagnarti per te è parlare?»

«Sì.»

«No, invece. Parlare è raccontarmi della scuola, delle tue amicizie, della tua vita.» Per un attimo le si vela lo sguardo. Probabilmente sta pensando al passato che non tornerà più. «Per fortuna» dice spesso lei.

Invece, mentre siamo lì, ecco il passato che torna. Si chiama Alda ed è una sua vecchia collega che, per qualche ragione, da quando è andata in pensione vive pure lei da queste parti.

La incontriamo raramente ma quando capita ci elenca sempre per due ore i suoi acciacchi. È una vera rottura! Ripete mille volte che non serve più a nessuno e che se arrivasse la morte sarebbe meglio. Così alla nonna tocca consolarla con una sfilza di ovvietà: "Non sarebbe stato peggio non invecchiare affatto?", "Qualche doloretto è normale alla nostra età: sono piccole cose", "Come si fa a sapere che l'aldilà sia tanto meglio dell'aldiqua?". Tutte affermazioni su cui in linea di massima concordo. Solo che sul finale ha voluto strafare, aggiungendo: "E poi guardati, Alda: non sei invecchiata affatto. Da che ti conosco sei sempre uguale!".

Quella brutta ingrata, invece di fare i salti di gioia e baciarle i piedi, nemmeno la guarda e si rivolge a me: «Gauss, hai sentito? Tua nonna è proprio una gran bugiarda!». Come si permette? «Comunque Olimpia, grazie, questo è un bel complimento!»

«Non mi pare affatto un complimento» puntualizzo.

«Sì che lo è. Credimi: alla nostra età non c'è complimento migliore!» sorride. Lei la dentiera la mette, ma è talmente mobile che sarebbe meglio se la evitasse del tutto.

«Mi spiace contraddirla, signora, ma sbaglia.»

«Ah, davvero?», ha un'aria così accondiscendente che adesso le faccio passare la voglia.

Nonna mi stringe la mano fortissimo, ma nemmeno se me la strappa dal braccio stavolta riuscirà a farmi tacere.

«Certo: le persone belle sfioriscono, quelle medie non lo so, ma solo quelle veramente brutte restano tali e quali. Come i cani. Ci faccia caso!»

La signora arretra di un passo con una faccia inorridita, nemmeno le avessero pestato l'alluce valgo: «Immagino di non essere la prima persona che ti dice che sei un gran maleducato!».

«Immagina bene, signora. Però nessuno di cui mi interessi l'opinione.»

«Chiedi subito scusa» ringhia a quel punto la nonna.

«Ma ti ha dato della bugiarda!» protesto.

«Era un complimento, Gauss. Chiedi scusa, ho detto.»

«Non capisco come possa essere un complimento» insisto.

«Non capisci ancora un sacco di cose perché sei troppo giovane.»

«E terribilmente maleducato!» interviene la vecchiaccia. «Dovresti dire a sua madre che non ha fatto un gran lavoro con lui.»

Solo a quel punto la nonna si gira di scatto con una luce guerriera negli occhi che non le avevo mai visto prima: «Mio nipote sarà anche maleducato, ma almeno lui bugiardo non è: non sei mai stata una bella persona! In nessun senso». Poi mi prende per mano e mi trascina via.

«Dimmi tu che figure di merda mi fai fare» borbotta tutta rossa in faccia.

«Sei arrabbiata?»

«Sì.»

«Molto?»

«Un po'.»

«Però è vero che le persone brutte, con gli anni, in proporzione imbruttiscono meno di quelle belle. Non credi?»

«Non lo so. E tu nemmeno. Hai dieci anni, testa di rapa: quante persone hai visto invecchiare?»

«Te!»

«Me?»

«Sì: ho visto le foto ed eri bellissima. Guardati ora...»

«Be', grazie.»

«Prego. E poi Leonora: da piccola era bellina e adesso...»

«Tua sorella è ancora molto carina.»

«Non come quando aveva cinque anni. E la mamma...»

«Va bene, va bene: basta così. Ho capito» sospira, «sono d'accordo.»

«Nonna?»

«Dimmi», alza gli occhi al cielo e intanto ordina prosciutto cotto e "delle scaloppine sottili di quelle che sa lei" al reparto macelleria.

«Tu conosci il papà di Azzurra?»

«L'ho incontrato una volta con tua madre. Perché?»

«Prima la ritira da scuola e ora riempie la casa di gommapiuma perché non si sbucci le ginocchia. La tiene prigioniera, nonna: forse se gli parlassi tu...» Lei potrebbe convincere chiunque a fare qualsiasi cosa, giuro!

«No, amore. Questo non posso farlo davvero.»

«Perché no?»

«Perché non c'è confidenza. Comunque se fa così avrà i suoi buoni motivi.»

«E quali, nonna?»

«Oh, insomma: basta! Che accidenti ti piglia?»

«Sono curioso come una scimmia, no?» Nonna me lo dice molto spesso.

Del resto, non è forse lei che quand'ero più piccolo rompeva con la storia che se nella vita non si è un po' curiosi, non si imparerà che il minimo indispensabile? Quando mi dice che mi impiccio troppo io le rispondo che è solo perché voglio diventare coltissimo, e allora lei ride e mi dà dei baci sulle guance che pare me le voglia consumare.

«Curioso, sì. E anche impertinente come una bertuccia», mi pizzica la guancia, ma piano.

Poi paghiamo e, siccome non abbiamo comprato i surgelati, ci sediamo un attimo nel giardinetto.

«Devi sapere, amore, che in genere i papà con le figlie femmine sono iperprotettivi», un'espressione indecifrabile le si dipinge sul viso.

«Anche il tuo era iperprotettivo?» le chiedo mentre conto le macchiette sulla sua mano rugosa. Sono piccole e scure come lentiggini, non caffelatte e grandi come quelle del lemure.

«Oh Gauss» se la ride, «magari! Lui era la proverbiale eccezione alla regola!» Poi, come sempre, non resiste e comincia a raccontare.

Il padre di mia nonna si chiamava Egidio e possedeva un sacco di terreni perché era diventato abbastanza facoltoso sposando una donna benestante ma brutta come la fatica. Purtroppo era più bravo a spendere che ad amministrare i suoi beni, ragion per cui il denaro nel quale la nonna avrebbe potuto sguazzare dalla nascita per tutto il resto dei suoi giorni, in realtà continuò a prosciugarsi di anno in anno, inesorabilmente.

Il che per me fu un bene. Senza la crisi finanziaria, infatti, non esisterebbe niente di quello che ora fa parte della mia vita. Non esisterebbe nemmeno un bambino che si chiama Gauss perché mia nonna non si sarebbe mai sposata, non avrebbe adottato mia madre e avrebbe girato tutto il mondo da sola, con uno zaino in spalla.

A dire il vero avrebbe girato tutto il mondo in limousine, alloggiando in alberghi di lusso e mangiando aragoste, circondata da stuoli di ammiratori. Questo perché nel 1943, anche se molto giovane, nonna Olimpia era già sulla buona strada per diventare una concertista importante. Abbastanza da aver firmato un contratto che molte altre pianiste avrebbero fatto carte false per ottenere.

Nonostante un'infanzia passata tra gli alti e i bassi finanziari di suo padre, la vita le appariva finalmente meravigliosa. Invece, quasi alla vigilia della partenza per Parigi, era arrivata la guerra e il 13 agosto una bomba per poco non l'aveva uccisa, scoppiando a pochi metri da lei.

Suo padre aveva acceso un cero alla Madonna per averla trovata viva. Lei, al contrario, malediceva l'idea di respirare ancora.

Quel giorno preferì smettere di credere che esistesse un Dio, piuttosto di cominciare a odiarlo. Nonna Olimpia non è capace di odiare: dice che il rancore fa venire le rughe più delle sigarette, e adora vantarsi della sua pelle liscia. Persino adesso.

Lo scoppio ha tolto alla nonna molto più della vita. Le ha tolto quasi completamente l'udito da entrambe le orecchie, il che per lei fu quasi la stessa cosa che morire.

Alla fine fu costretta a vendere il pianoforte e, per quanto non avesse studiato a quello scopo, accettò di insegnare in una piccola scuola privata che la pagava pochissimo. Tutto era sfumato in un botto, è davvero il caso di dirlo.

Maritare la nonna con il facoltoso figlio del notaio Bazzani era l'ultima possibilità della sua famiglia per non finire sul lastrico, e così fu.

Il tacito accordo era che lei facesse ciò che andava fatto e basta, quindi lei e Terenzio si erano sposati in un tempo ragionevolmente breve dopo un corteggiamento serrato e piuttosto inutile.

All'inizio si era sforzata di vivere la cosa con un minimo di partecipazione, ma aveva rinunciato quasi subito. Impossibile farselo piacere: nonno Terenzio sarà pure stato bello, intelligente e colto ma, a sentir lei, era noioso come la domenica!

Lo scorso inverno eravamo in cucina a fare gli gnocchi e, mentre cercavo di togliermi dalle dita quella specie di impasto appiccicoso che tutto era tranne qualcosa di commestibile, ho guardato la nonna senza riuscire a evitare di chiederglielo:

«Ma a te piace sul serio questa faccenda della cucina?»

«In che senso?»

«E dài... tu fai finta di divertirti, io faccio finta di divertirmi per fare piacere a te, ma in realtà stiamo qui a inzaccherarci le mani mentre vorremmo essere da un'altra parte.» Ne ero sicuro, per l'ennesima volta aveva la faccia di una che vorrebbe buttare tutto nel cesso e non se ne parli più.

Prima di quel giorno succedeva ogni sacrosanto fine settimana che mi trascinasse con sé in una specie di suicidio culinario. Mia nonna per la pasta fatta in casa ha sempre avuto il pollice nero. Anzi: di nero ha tutte e dieci le dita! Gli gnocchi sembravano colla: appena toccavano l'acqua bollente si disfacevano e prendevano il sapore e l'aspetto delle pappette che mi rifilavano in ospedale quando mi hanno operato di appendicite (probabilmente non me l'avrebbero neppure tolta se lei non me l'avesse rovinata con certa robaccia).

«Perché non si può fare solo quello che ci piace!» e ha sfoderato un tono solenne da paura.

«Che c'entra con gli gnocchi, scusa?»

«Eh... c'entra... c'entra.»

«Boh? Mica lo capisco tanto.»
«Lo capirai, purtroppo. Col tempo lo capirai.» Il tono era diventato misterioso. Nonna Olimpia avrebbe potuto fare l'attrice, più che la musicista.
«Anche col nonno è andata così?»
«Così come?»
«Come la pasta della domenica? Che si fa non si sa bene perché?»
«Gauss!» Ecco: ora faceva la scandalizzata. Da premio Oscar! Nonna non è il tipo da scandalizzarsi.
«Dico sul serio: perché hai accettato di sposarlo, se non lo amavi?» Non era credibile che potesse essere stata con lui solo per ragioni economiche.
Lei mi ha guardato con i suoi grandi occhi saggi e ha risposto una cosa che non scorderò mai perché in quel momento non stava recitando e si vedeva. Mi ha preso le mani nelle sue e, accarezzandole, ha detto: «Piccolo mio, devi sapere che le persone non si sposano quasi mai per amore».
«Ah no?»
«Non spesso, no. Purtroppo la maggior parte delle volte si arriva all'altare senza nemmeno sapere cosa sia davvero questo sentimento. Molti lo simulano. Alcuni si sforzano. Ma non funziona così. L'amore è un dono. Come la musica. L'amore è un talento, come la pittura. Se almeno una volta ti sei imbattuto nell'amore vero non hai il diritto di chiedere altro. Sarebbe come vincere al Superenalotto e lamentarsi di doverci pagare sopra le tasse!» Mi aveva stretto al cuore fortissimo: «Io ho avuto la mia occasione. L'amore non era destinato a me. La musica invece sì».
Dopo quella volta, non ho più visto mia nonna piangere.

Il vantaggio di essere intelligente è che si può sempre fare l'imbecille, mentre il contrario è del tutto impossibile.

WOODY ALLEN

Il dottor Lemure Cito è seduto vicino a me: ha una camicia bianca e una cravatta con Paperino che va in bicicletta. È probabile che se la sia messa per sembrare simpatico, ma a me sarebbe simpatico solo se con la cravatta ci si strozzasse.

Gira il cucchiaio nel passato di piselli e pancetta della nonna senza decidersi a portarlo alla bocca. Le chiazze che ha sulle mani si sono allargate fino ai polsi e ora ha la pelle pezzata, in certi punti bianca e in altri caffelatte. Sembra una mucca, solo che è magro come un asino.

Tanto per cambiare, Leonora non cena con noi. Le è venuta la brillante idea di chiudersi in camera, portandosi dietro il piatto. Mia madre ha provato a capire che diavolo le passi per la mente in questi giorni, ma non c'è stato verso.

Si aggira per le stanze come un fantasma malinconico. Mi sa che ha litigato con Gabriele, ma non mi pare un motivo sufficiente per non stare a tavola. Ho provato a chiederle di aiutarmi, ma mi ha girato le spalle senza nemmeno rispondere. Non fossi certo che mi spezzerebbe due costole perché è molto più forte di me, le appiopperei un calcione su quel culetto stitico che si ritrova, così impara.

«Non le piace?» chiede nonna Olimpia, che probabilmente ha cucinato male apposta.

«No no, si figuri: è delizioso. Solo che stanotte sono stato poco bene di stomaco e non ho molto appetito.»

«Se non mangia, cosa è venuto a fare?» Lo dico piano,

in modo che senta solo lui. Infatti sente e mi regala un'occhiata anonima.

«Allora Gauss, che mi racconti?» chiede invece dopo poco.

«Dipende. Cosa vuole sapere?» Dimmi tu che razza di domanda.

«Non vuoi proprio darmi del tu?»

«No grazie.»

«Sei simpatico, sai?» Svela una dentatura impeccabile: «Scommetto che a scuola hai un sacco di amici».

«Qualcuno.»

«E la fidanzata ce l'hai?»

«Io no, e te?»

«Gauss!», mia madre pronuncia il mio nome scandalizzata.

«Che c'è? È lui che rompe sempre perché non gli do del tu» protesto.

«Hai capito benissimo!»

Scambio uno sguardo esplicito con la nonna che mi fa segno di lasciar perdere: non ne vale la pena.

«Ma no, ha ragione Gauss. Ho cominciato io», poggia una mano sulla spalla di mia madre e io ho uno spasmo involontario di disgusto.

«Dunque» comincia, «non ho una fidanzata perché io e mia moglie siamo separati da poco.»

«Non così poco» mi scappa.

«Gauss!», mamma è viola in faccia. Di fatto però sa che ho ragione: quello è già venuto a cena milioni di volte da che è rimasto solo, nemmeno fossi stato io a farlo separare.

Il lemure ride in modo così finto che più finto non si può: «È vero. Non è poi così poco».

«Intendi risposarti?»

«Perché? Hai qualche bella ragazza da propormi?» e guarda mia madre, che arrossisce.

«No. Non conosco ragazze così vecchie» dichiaro.

«Si dice grandi, Gauss, non vecchie» mi corregge la nonna ridendo sotto i baffetti ispidi, un po' da tricheco.

«Non ne conosco né di vecchie né di grandi.»

«Allora temo che non mi sposerò più» afferma quello, con aria bovina.

ha riportato danni permanenti, a parte una leggera difficoltà a dialogare in tempo reale.

In pratica percepisce ciò che viene detto una frazione di secondo dopo le altre persone e, di conseguenza, ci vuole un attimo prima che risponda.

La nonna sostiene che la conversazione con lui ricordi un po' quella che i camionisti facevano con i C.B. – una sorta di ricetrasmittenti tipo walkie talkie – tanti anni fa. Da lì il soprannome che gli hanno appioppato i clienti della sua ferramenta. Lo sentivo apostrofare in quel modo quando restavo chiuso fuori di casa con la nonna – che un giorno sì e uno no scordava le chiavi nella toppa e si tirava dietro la porta – e mi toccava andare a chiamarlo. Ora non succede più perché abbiamo fatto mettere la porta blindata che se non dai almeno un giro di chiave rimane solo accostata. Però fino a qualche tempo fa eravamo assidui frequentatori della ferramenta e, quando ci vedeva arrivare, lui ci veniva incontro, pronto a scassinarci l'uscio senza lasciare traccia.

Ci spalancava la porta con il solo aiuto di una scheda telefonica e diceva che sarebbe stato un ottimo topo d'appartamento se la sua natura onesta non glielo avesse impedito.

Che Carlo sia una brava persona lo dicono tutti. Ma è vero anche che per essere strano è strano forte.

Tutte le mattine alle 7.40 spaccate e ogni sera tra le 18.15 e le 18.50, compie una serie di azioni che sembrano riti scaramantici. Per quanto ne so, la cosa non ha nulla a che vedere con il suo aneurisma perché pare si comportasse così pure prima.

L'ho visto spessissimo correre in cortile, spalancare la porta del suo garage e richiuderla sette volte prima di tirare fuori la macchina, girarci tre volte intorno per verificare che le portiere siano tutte e cinque aperte, chiuderne quattro e sincerarsi altrettante volte di non essersi sbagliato. Solo allora si decide a entrare nella Polo verde mela ed esce dal cancello, non senza aver verificato cinque volte che la saracinesca del garage sia effettivamente chiusa a chiave.

Se per caso è in anticipo, conta le finestre illuminate sulla facciata interna dello stabile. Siccome il mio condominio è piccolo e le finestre che danno sul cortile saranno al massimo una decina, il conto dovrebbe essere presto fatto. Ma quando accendo e spengo la luce della mia camera a intermittenza, la situazione prende una piega molto più complicata.

Al povero Carlo una volta è persino venuto una specie di attacco di nervi. Quella mattina non è andato a lavorare finché la mamma non mi ha costretto a scendere per portarmi a scuola. È stato piuttosto divertente.

Siccome adesso è maggio e fa abbastanza caldo teniamo le finestre aperte. In quella d'angolo Carlo mi appare come una visione, seduto al tavolo del computer che batte sui tasti a tre a tre.

«Buonasera signor Carlo!», alzo la voce perché mi senta.

«Oh, ciao Gauss» sorride lui facendo un cenno con la mano. Che ha le unghie rosicchiate fino alla base delle dita, lo vedo anche da qui.

«Che fa di bello? Chatta?» chiedo, sapendo che mia madre non può intervenire a dirmi che devo farmi gli affaracci miei.

«Eh sì... magari! No: devo finire una lista di ordini per la ferramenta. Tu, piuttosto, come mai ancora alzato?» sorride affabile. Se non fosse pieno di tic nervosi gli proporrei di uscire con la mamma. Pensa se fossi figlio di un tipo così! Non riesco nemmeno a pensarci che già mi scappa da ridere. Poi, subito dopo, da piangere.

«Avevamo gente a cena» spiego. «Senta, signor Carlo, lei per caso ha mai sentito parlare di SLA?» Uno, due...

«Cos'è: una formula chimica?»

«No. Una malattia.»

«Mai sentita, mi dispiace. Hai provato a chiedere a tua madre?»

«Sì. Però non è affidabile: dice che non si attacca.»

«E non può essere vero?»

«Non lo so. Mamma ultimamente racconta parecchie bugie.»

«Se una mamma mente lo fa per proteggere i propri figli, mica per cattiveria.»

«Sarà, ma non mi piace lo stesso.» Poi mi viene un'idea: «Signor Carlo...?» e aspetto due secondi.

«Dimmi, Gauss.»

«Potrebbe dare un'occhiata adesso su internet, così scopriamo di che si tratta?»

Lui ci pensa e dopo otto secondi risponde: «E se tua madre si arrabbia?».

«Perché dovrebbe arrabbiarsi?» Uno, due, tre... ci vuole una pazienza a parlare con lui!

«Non lo so... perché ti interessa tanto sapere di questa malattia?»

«Ce l'aveva la mamma di una mia amica.»

«Ora sta meglio?» si preoccupa.

«È morta.»

«Santo cielo, mi dispiace.»

«Ma non è morta di quello.»

Sembra più stranito del solito: «Be', mi dispiace comunque: di cosa è morta allora?».

«Non saprei con esattezza: la nonna dice che è stato un fulmine a ciel sereno!» spiego.

«Ok, diamo uno sguardo, ma non dirlo a tua madre: non voglio guai.»

«Giuro solennemente!»

Carlo digita qualcosa su Google e legge ad alta voce: «Secondo Wikipedia la sclerosi laterale amiotrofica è chiamata anche morbo di Lou Gehrig "dal nome del giocatore statunitense di baseball che fu la prima vittima accertata di questa patologia". Si tratta di "una malattia degenerativa e progressiva del sistema nervoso che colpisce selettivamente i cosiddetti neuroni di moto (motoneuroni), sia centrali – primo motoneurone a livello della corteccia cerebrale, sia periferici – secondo motoneurone a livello del tronco encefalico e del midollo spinale". Le sue cause sono tuttora ignote».

«Non è che mi sia di grande aiuto. C'è altro?»

«Sì. Aspetta. Dunque: "L'inizio della SLA può essere così subdolo che i sintomi vengono spesso trascurati. I sintomi iniziali includono brevi contrazioni (mioclonie), crampi oppure una certa rigidità dei muscoli; debolezza dei muscoli che influisce sul funzionamento di un braccio o di una gamba e/o voce indistinta o tono nasale. Questi disturbi generali si sviluppano in forme di debolezza più evidente o atrofia".»

«Dice qualcosa sulla morte o sul fatto che si possa attaccare?»

«Non leggo niente del genere, no.»

Faccio un sospiro di sollievo: «Allora mi pare nulla di grave a parte che si cade spesso».

«Ora vai a dormire. Alla tua amica non capiterà niente di brutto.»

«Come fa a dirlo?»

«È statistica: mica un fulmine può cadere due volte nello stesso punto.»

«A questo non avevo pensato. Grazie signor Carlo. Buonanotte.»

Credo che di scherzi a C.B. non ne farò più.

Anche il miglior miele si guasta in vaso sporco.

NONNA OLIMPIA

Alle 7.20, dieci minuti prima che squilli la sveglia, suona il citofono. Dev'essere Dana che viene a fare l'insulina alla nonna. L'insulina serve a curarle il diabete (anche se qui lo chiamano "la diabete", come "la purea").

È una cosa che all'inizio mi sconcertava parecchio. Come quella che i casalesi non hanno nessuna idea di come si usino le preposizioni.

Quando vado a comprare il pane, tanto per dire, la signora Ada prima di battere lo scontrino mi chiede: «Hai bisogno altro, gioia?» e il "di" se lo mangia con una michetta. Sarà per questo che è così grassa!

Tornando al diabete: è una malattia abbastanza brutta, però può non essere troppo pericolosa se tenuta a bada. La cosa peggiore è che se ce l'hai non puoi più mangiare dolci (nemmeno gelati e bunet, di cui la nonna va pazza).

Mi vesto in fretta. Mentre esco trovo un bigliettino attaccato con lo scotch sulla porta della mia stanza. È della mamma: dice che è dovuta andare da qualche parte con Leonora, e di non preoccuparmi per l'Acquario perché ha già parlato col signor Crespi, cercheranno di organizzarsi in modo da venire a Genova con noi.

Evvai!!! Arrivo in cucina saltellando su un piede solo, tanto per fare.

«Ciao Dana!» esclamo, contento di trovarla sola.

«Ciao bellezza!», mi rivolge un sorriso largo e sincero mentre toglie dal frigorifero una fiala.

Il frigo rosa della Smeg occupa un sacco di spazio e lo scomparto freezer è piccolissimo, però mia madre dice che lo Smeg rosa è la Pink Cadillac dei frigoriferi! Dana lo osserva con la stessa curiosità di chiunque ci metta il naso dentro. Se c'è una cosa che mamma sa fare bene in cucina, è sistemare ogni più piccolo dettaglio in modo che tutto sembri pronto per finire su una rivista d'arredamento. Persino il cibo.

Gli zucchini vicino ai pomodori, i finocchi accanto alla rucola, i formaggi lontani dallo scomparto delle uova e così via. Secondo lei archiviare il cibo non si discosta molto dal catalogare una raccolta di cd o dei libri. È complesso. Con che criterio farlo è una scelta da valutare con attenzione. Ordine alfabetico? Colore degli alimenti? Mia madre preferisce accostarli per aroma. La nonna, invece, secondo come saranno combinati in seguito nelle pietanze che cucinerà. Per questo uova e formaggi si guardano solo da lontano: la loro unione non sarebbe felice.

«Indigeribile come un matrimonio mal riuscito» sostiene nonna Olimpia: «Singolarmente invece sanno essere deliziosi.»

Formaggio e uova le ricordano i suoi genitori e l'odore che aleggiava intorno a loro. Un odore di stantio che impregnava ogni cosa: abiti, capelli, pelle. Tutto. Un fetore di vecchio, di muffito. Di roba da buttare, insomma. Questo, se non altro, dentro al nostro frigo non succederà mai.

«Sei mattiniero!» dice Dana, chiudendolo con un colpo secco. «Mi fa piacere perché volevo parlare un attimo con te.»

«Di cosa?»

«Va tutto bene con mia figlia?»

«In che senso?»

«Marika non mi racconta mai niente e volevo sapere come va a scuola.»

«Non dovresti parlare con le maestre?» Che cavolo... ora mi tocca dirle che Marika fa schifo in tutte le materie e a Dana piglierà un colpo.

«Volevo sapere come va con i compagni. Se ha fatto amicizia con tutti.»

«Be'...» farfuglio, «non si può fare amicizia proprio con tutti: siamo ventitré.»
«Allora con qualcuno. Ha fatto amicizia con qualcuno?»
«Mmmh... in classe, intendi?»
«Sì, Gauss. In classe, intendo.»
«Ah, sì: allora no. Non mi pare proprio.»
«Nemmeno con te?» Dana sembra pronta alle lacrime e io vorrei che questa conversazione si interrompesse.
«Non molto, no» ammetto, fissando il pavimento.
«Oddio Gauss, non sai quanto mi dispiace: Marika è una bambina così sensibile. È speciale, proprio come te. Sarebbe bello se diventaste amici. Vuoi provarci, per me?»
Dana mi è simpatica, potrei anche farlo... ma fare cosa?
«Provare a diventare amico di Marika, dici?»
«Sì. Magari potreste studiare insieme, qualche volta.»
«No. Questo mai. Nisba. Niente. Non se ne parla.»
«Perché?»
«Perché tua figlia fa schifo in tutte le materie e puzza tantissimo perciò anche se mi piaci, non posso proprio accontentarti.» Lo dico tutto d'un fiato ma capisco il senso della frase "la verità fa male" dall'espressione che fa, poveraccia.
Scappo verso la porta, che per fortuna è aperta perché sta entrando la nonna, e mi sento un verme. A volte mantenersi coerenti con le proprie convinzioni ha un prezzo un po' alto da pagare. Dire una bugia è senza dubbio più facile, ma dove andremmo a finire se tutti ragionassimo da conigli?

«Signor Carlo!» Vederlo in piedi davanti al portone a quest'ora mi stupisce. Dal cappello alle scarpe ha addosso tanto di quel nero che sembra un corvo.
«Ehilà, ragazzo», mi guarda ansimare per lo scatto di poco prima. «Ti vedo affannato. Sei in ritardo a scuola?»
«No. Sto scappando il più lontano possibile dalla donna delle pulizie. E lei? Come mai ancora a casa?»
«Lo sai che ieri mi hai messo una bella pulce nell'orecchio?»
«Di che pulce parla?»
Carlo sbatte la testa di lato due volte come se dovesse staccarsela dal collo e strizza le palpebre rapidamente:

«Sai... quella faccenda dei fulmini. Vado in ospedale a farmi fare un controllino, non si sa mai».

«Non credo sia necessario», mi scappa da ridere.

«Magari la pensava così anche la mamma della tua amica, ma non si può mai sapere.»

«Questo è vero» ammetto. «A proposito: grazie ancora per ieri sera» gli stringo la mano sudaticcia. «È stato davvero gentile.»

«Non c'è di che, Gauss.»

«Vedrà: le diranno che è in perfetta forma.»

«Speriamo, piccolo amico. Speriamo...», sorride e si allontana contando le righe del marciapiede.

* * *

Oggi alla terza ora c'è musica. L'insegnante è un maschio e si chiama maestro Guglielmo. Ha una faccia da topo costellata di punti neri e un naso che pare il becco di un rapace. Vogliamo parlare dei capelli? Sono così grassi che sembrano cosparsi di cera per i pavimenti.

A peggiorare le cose c'è il fatto che avrà quarant'anni e porta ancora l'apparecchio. Dev'essere pure un modello da quattro soldi perché ci resta sempre incastrato qualcosa: un pezzo di brioche, un frammento di caramella, mezza fetta di salame. Giuro: una volta è successo! È venuto in classe con una fetta di cacciatorino che gli penzolava dal labbro superiore.

Quando glielo abbiamo detto, è diventato rosso come la sua maglia e ha dichiarato di averlo fatto apposta per farci ridere.

Devo dire che c'è riuscito benissimo. Proprio un vero spasso!

Oggi però il maestro è tirato a lucido. Ha legato i capelli in un codino da samurai e indossa un completo blu il cui unico difetto è quello di mettere in risalto la forfora che si accumula sulle spalle ogni volta che gira la testa.

Anche Carlo si veste spesso di blu, ma si vede che lui la forfora non sa nemmeno cosa sia perché, con tutti i tic nervosi che si ritrova e per quanto sbatte il capo a destra e a sinistra, a quest'ora ne sarebbe sommerso fino a soffocare.

«Salve ragazzi» sorride a labbra chiuse il maestro Guglielmo. Deve aver fatto colazione fuori.

«Ciao maestro» strilliamo tutti insieme.

«Allora: stamattina ci dividiamo in gruppetti perché dobbiamo ripassare le parti del saggio di fine anno.» Saggio e recita per lui sono la stessa cosa.

Quest'anno, invece di utilizzare musiche registrate, suoniamo dal vivo. Funziona così: durante l'esibizione dei compagni, quelli che non stanno recitando si mettono seduti al lato del palco, appena dietro i tendoni, e si occupano del sottofondo musicale. Poi si fa a cambio.

Circa otto mesi fa il maestro ci ha chiesto verso quale strumento ci sentissimo più portati. Io ho subito gridato «la batteria!», ma la batteria non era tra le opzioni disponibili.

Le opzioni disponibili erano: didjeridoo, flauto dolce, xilofono, scacciapensieri (poi è stato sostituito con la clavietta perché Antonella Filo ci si era fatta quasi subito un taglio bello profondo sulla lingua), chitarra (ma solo due, di cui una prenotata dallo stesso maestro) e piatti (quelli che suonano i piatti sono i più fortunati perché devono sbatterli con forza uno contro l'altro solo nelle scene clou, che saranno due o tre al massimo).

Poi è saltato fuori un tamburo africano e, siccome era quanto più si avvicinasse alla batteria, mi è stato affibbiato quello.

In realtà secondo me era più giusto che lo suonasse David, il bambino etiope, ma quando l'ho detto si è offeso.

Per me può suonare pure l'ocarina siciliana, sai cosa me ne importa. Resta il fatto che, per quanto insista a ripetere che è diventato italiano, sul carro di Carnevale io sarei stato molto più credibile di lui nella parte di Gianduia! La maestra Carla può dire quello che vuole!

Iniziamo a dividerci per le prove: mi mettono vicino allo xilofono di Maurilio, che è un bambino tanto, troppo timido. Parla pochissimo. Anche per avere lo xilofono l'ha solo indicato. Mi sono accorto subito di come lo guardava: pareva volesse mangiarselo! Però col cavolo che lo diceva. Sudava freddo al pensiero che glielo portassero via ma niente da fare. Taceva.

Alla fine ero stato io ad andare a prenderglielo e credo che ora, se avessi bisogno di un rene, lui mi cederebbe subito uno dei suoi, tanto mi è riconoscente.

«Ciao Maurilio» faccio, sedendomi accanto a lui. Quello sorride appena e fa un cenno con la mano.

«Conosco una barzelletta sporca. Vuoi sentirla?» gli dico.

Risponde di no con la testa.

«Vi siete esercitati a casa questa settimana?» Dopo averci fatto spostare tutti quanti di banco, il maestro sembra soddisfatto.

«Sìììììì» mentono tutti in coro. Io taccio, ma nel mucchio nessuno se ne accorge. Anche Maurilio tace, eppure sono certo che sia il solo tra noi che l'ha fatto veramente.

«Perfetto allora: cominciamo! Dateci dentro!»

L'episodio in cui suono anch'io è quello che fanno alcuni ragazzini della quinta B. Si intitola *Villeggiatura in panchina* ed è il preferito di Giamma, che tutte le volte stona per dispetto col flauto perché Marcovaldo voleva farlo lui a tutti i costi, come ci fa notare ogni volta.

In questa storia Marcovaldo, che vive in una piccola casa con la moglie e i figli, si scoccia di dormire tutti in una sola camera. Siccome sotto casa sua c'è un giardinetto con una panchina vuota, si ritrova a pensare a quanto sarebbe meglio dormire lì tutto solo. A forza di rifletterci su, in una notte caldissima prende il suo cuscino e va a realizzare il suo piccolo desiderio. Quella volta purtroppo la panchina è occupata da una coppia che litiga, perciò gli tocca aspettare che facciano pace e se ne vadano. Quando finalmente si impossessa della panchina rumori, profumi e puzze inconsuete gli impediscono di trovare il sonno tanto desiderato.

È un episodio davvero divertente, anche se i miei compagni lo recitano malissimo. Io provo a suonare meglio che posso perché mi piace tanto.

Lo faccio con tale foga che quando finisce l'ora ho una nausea fortissima a furia di infierire sul tamburo battendo, contemporaneamente, anche i piedi a tempo.

Ci sono momenti in cui tutto va bene:
non ti spaventare, non dura.

JULES RENARD

Ci siamo: è il gran giorno! Non mi sentivo così impaziente dal Natale scorso, quando sapevo che novanta su cento avrei ricevuto il telescopio nuovo da sessantacinque euro che desideravo. Un vero affare, perché il suo prezzo di negozio sarebbe stato quattrocento! Così ha detto il venditore del mercato a cui ne restava un pezzo solo. A me non importa sapere quanti euro costino le cose, ma a casa mia quando si compra qualcosa si sbandiera ai quattro venti quanto la si è pagata.

Mamma, per esempio, se qualcuno le fa notare, che so... "che bella maglia hai!", risponde subito che l'ha pagata dieci euro al mercato. Quasi che prenderla alla Labor a trecento potesse fare un torto a qualcuno.

Invece, se si fa un regalo e il commento è "che bella maglia hai comprato a Tizia per il suo compleanno!", bisogna dire che arriva dalla Labor anche se l'hai presa al mercato per dieci euro.

Ribadisco: le regole di mia madre sono così tante che mi gira la testa solo a pensarci. Anche oggi dovrò seguirne un sacco, solo che queste hanno un altro nome. Si chiamano "raccomandazioni".

"Mi raccomando" per mia madre significa che se non faccio come dice lei sono dolori.

Ieri sera si è raccomandata per un bel po' di cose quindi, per non sbagliare, ho fatto una lista.

Non allontanarsi da soli quando lei e il signor Crespi non ci stanno guardando.

Non convincere Azzurra a farsi comprare qualcosa da suo padre in modo che poi lei sia costretta a comprarla anche a me.

Non fare domande imbarazzanti in generale e, se è possibile, non farne del tutto a meno che non riguardino l'ittica.

Quando gli adulti diranno: "Ora basta, torniamo a casa", non si può rispondere: "Ancora un pochino, per favore" più di tre volte.

Sono restrizioni molto dure ma, come dice la nonna, a volte bisogna piegarsi se non ci si vuole spezzare.

* * *

Per arrivare all'Acquario ci vuole un'ora e mezza abbondante. Grosso modo il doppio del tempo che impieghiamo per trovare un parcheggio.

Se fossi venuto solo con mamma, di sicuro adesso saremmo entrambi di cattivo umore. Invece oggi io e Azzurra stiamo a chiacchierare tutti eccitati sui sedili dietro, mentre i nostri genitori fanno altrettanto su quelli anteriori.

Stasera scriverò sul quaderno delle scoperte: "Ho scoperto che i papà degli altri qualche volta hanno il potere di tirare fuori la parte più ottimista di noi quando siamo alla disperata ricerca di un posto auto!".

Spero di scoprire anche tantissime altre cose: il mare, anche se messo sotto vetro in una vasca gigante, dovrebbe offrire parecchi spunti.

Finalmente usciamo dalla Cinquecento, che per essere bella sarà pure bella ma, di sicuro, è comoda solo se stai seduto davanti.

Io e Azzurra ci stiracchiamo felici e cominciamo a guardarci intorno. Non ero mai stato a Genova. Lei invece sì, però solo nell'entroterra, dove c'è un posto che si chiama "budello" perché è fatto di strade che sembrano le interiora di un animale tanto sono strette, lunghe e intricate.

Se rimane tempo mamma ha detto che ci facciamo un

giretto prima di tornare a casa, ma non devo fissarmi su questo perché se no finisco per non godermi i pesci.

Azzurra sorride con quella boccona da orchessa che mi piacerebbe esplorare con piccozza e piccone, come uno speleologo. Poi mi viene in mente il dentista e faccio una faccia storta. Lei se ne accorge subito e comincia a farmi mille domande, così mi tocca dirle del ricatto e della cena dell'altra sera. Alla fine mi guarda stralunata, come se non potesse credere a quello che sta sentendo.

«Perché lo odi tanto?» salta su.

Ha addosso un paio di pantaloncini a righe rosse che mi fanno incrociare gli occhi se li fisso troppo a lungo.

«Ti sbagli. Non lo odio.»

«A me pare di sì.»

«Non lo odio!» ribadisco. «Solo vorrei non doverci mangiare insieme così spesso.»

«Perché?»

«Non immagini come si rigira il cibo in bocca: fa vomitare. Sembra una mucca prima di inghiottire il bolo.»

Azzurra arriccia il naso: «Bleah!».

«E poi ha quella malattia strana che gli chiazza la pelle in modo così assurdo... mi fa impressione quando allunga le mani e mi tocca anche solo una guancia. E lo fa sempre! In più devi vedere come si comporta con mamma: sembra voglia mangiarsela al posto della cena.»

«Magari a lei fa piacere!»

«Infatti ridacchia a battute così cretine che io mi vergognerei anche solo a pensare.»

«E tu fregatene. Ignoralo. Parla con tua sorella, piuttosto.»

«Buona quella! Dopo la terza volta che le ha chiesto del suo "filarino", lei ha minacciato la mamma di mandarlo affanculo se se lo fosse trovato davanti ancora una volta. Così ora tira fuori la carta del fidanzato e va a salvarsi da lui.»

«Perché non lo fai anche tu? Puoi dire che sei fidanzato con me, se ti fa piacere!» Azzurra si guarda le ginocchia: «Io non mi offendo. E quando tua madre lo invita, ti fermi a cena da noi. Papà è piuttosto bravo a fare la pizza ma la prepara solo se abbiamo ospiti, quindi mi faresti pure un favore», sorride con tutti i denti belli in vista.

«Magari...» sospiro.

Davanti all'Acquario c'è una fila incredibile di persone: meno male che noi abbiamo prenotato il biglietto su internet perché altrimenti l'ora di entrata coinciderebbe con quella di tornarcene a casa.

Dietro a un tendone che il signor Crespi chiama "tensostruttura", c'è un vascello tale e quale a quello dei pirati. Un grosso cartellone spiega la sua presenza:

GALATA – MUSEO DEL MARE

Diecimila metri quadrati espositivi, le fedeli ricostruzioni di una galea genovese del Seicento e di un brigantino-goletta dell'Ottocento, e circa seimila oggetti originali sono pronti a svelare i segreti e le mille curiosità dell'avvincente vita sul mare, in un allestimento innovativo e coinvolgente.

Azzurra sta per gridare che vorrebbe salirci ma io me ne accorgo e la trattengo: altrimenti, mia madre pensa che gliel'abbia suggerito io e se la prende con me.

Paghiamo il biglietto ed entriamo. Le facciate trasparenti delle vasche si uniscono con il pavimento e le pareti, così io e Azzurra ci sentiamo un po' come dei sub asciutti tra i delfini che saltano e giocano con la palla, gli squali che nuotano e attirano l'attenzione di tutti, i pesci trombetta con il loro caratteristico "muso" lungo. Continuiamo a camminare, fluttuando eccitati fino a raggiungere le foche, le tartarughe e poi le razze... c'è persino una vasca dove si possono accarezzare. Infatti si chiama vasca tattile!

La zona che preferisco finora, con gran sorpresa di tutti, è quella delle meduse. Sono così leggere e trasparenti... meringhe d'acqua che verrebbe voglia di succhiare con una cannuccia.

Mia madre e il padre di Azzurra non smettono di parlare nemmeno quando entriamo in una specie di cinema 3D dove squali e pescetti colorati ci vengono addosso facendo fare a noi più piccoli degli urletti acuti tipo quelli che fa la gente che sale sulle montagne russe, mentre sta scendendo. Quei due, invece, sembra siano abituati a farsi assalire dai mostri marini perché non fanno una piega nemmeno quando uno squalo arriva nella nostra direzione a fauci spalancate e minacciosissime. Niente: vanno avanti a contarsela tra loro come se nulla fosse, quasi fossero loro i figli e noi i genitori.

«Sttt!» si scoccia una signora dai sedili di dietro. Mia madre si zittisce subito. Le lancio un'occhiata interrogativa e lei ricambia con una assolutamente esplicita: "Non ti azzardare a fare un commento".

Alla fine del filmino ci alziamo ed è già mezzogiorno. Abbiamo tutti fame perché è dalle sei e mezzo di stamattina che non mangiamo.

«Vi va un hamburger?» propone il papà di Azzurra, acquistando all'istante mille punti ai miei occhi. Se avessi un padre come lui andrei a mangiare da McDonald's tutti i giorni e quando fossi stufo mi farei preparare la pizza.

«Dici davvero?» chiedo, tanto per esserne certo.

Lui fa di sì con la testa. «Se non avete niente in contrario», ci sorride con dolcezza. È strano: anche se sta bene, sembra comunque sempre un pochino triste.

Mia madre dice: «Vada per gli hamburger». Questo sì che mi lascia davvero sbigottito! Ci sono solo due cose che le ho chiesto più insistentemente del venire all'Acquario: dirmi chi sia mio padre e portarmi da McDonald's! Avrei scommesso che, nell'ordine, il McDonald's sarebbe stato il desiderio più improbabile a realizzarsi. Infatti si affretta a spiegare che «per stavolta passi, ma solo per non perdere troppo tempo a tavola, visto che ci sono ancora molte cose da vedere».

«Anche con Azzurra è una lotta» dice il signor Crespi mentre siamo seduti a un tavolino di plastica più unto delle patatine che abbiamo ordinato: «Se il cibo è sano, è cattivo! Non è vero, tesoro?»

Quando guarda sua figlia lo fa in un modo speciale. Quasi la vedesse sempre per la prima volta e lei fosse una specie di preziosa creatura di cristallo dalle cui labbra escono fiori colorati. Mia madre invece mi guarda in tutt'altro modo. È sempre tesa. Come se si aspettasse da un momento all'altro di doversi vergognare di me. E forse ha ragione, perché sono molte più le volte che la faccio arrabbiare di tutte le altre. È riuscito a farla ridere più spesso il signor Crespi in un paio d'ore che il sottoscritto in dieci anni e mezzo.

«È una bambina deliziosa» afferma la mamma guardando Azzurra.

«Mica è un gelato!» borbotto un po' di cattivo umore perché io non sono mai delizioso o speciale o coraggioso o unico, tutte lodi che le ho sentito rivolgere ad altri.

«Sì, invece!» ride il signor Crespi: «Siete tutti e due da mangiare» e mi strofina una mano aperta sui capelli. Fatto da lui non mi dà per niente noia.

«L'abbiamo tanto desiderata!» aggiunge, quasi fosse una frase senza importanza. Ovvia. Invece a me comincia a rimbalzare nella testa come una pallina da flipper impazzita. "L'abbiamo tanto desiderata... l'abbiamo tanto desiderata... l'abbiamo tanto desiderata." Tiro su la testa di scatto e strillo: «E io?». Fisso mamma negli occhi: «Io sono stato desiderato?».

«Certo!», mamma si volta come se le avessi fatto schioccare una frusta nelle orecchie. «Ti ho desiderato tantissimo!»

«Allora perché io non sono mai delizioso o speciale o coraggioso o unico?»

Azzurra resta in silenzio con una faccia via via ancora più stralunata della mia.

«Tesoro...»

«E papà? Mi desiderava anche lui?» So che ho promesso di non fare domande imbarazzanti ma non riesco a trattenermi.

«Gauss, per favore» implora. «Non ora.»

«Perché? Che ti costa rispondermi?» insisto.

Azzurra e suo padre sembrano trattenere il fiato. Tutto intorno è improvvisamente sospeso nell'aria.

«Sì, certo. Ti desiderava anche lui» mi liquida, «magari un po' meno di me...» Si sforza di sdrammatizzare ma ormai so di averle rovinato la giornata. Tanto vale andare fino in fondo.

«Allora per quale motivo non posso sapere nemmeno il suo nome?»

«Piantala Gauss, stiamo dando spettacolo.»

«Piantala tu, invece!» Scatto in piedi e la sedia su cui ero seduto cade per terra. Non lo so che cosa mi prende, va bene?

«Sei cattiva e sei bugiarda e sei... bugiarda. Ecco.»

«Scusatemi», mamma si rivolge al signor Crespi con aria smarrita, «devo andare un attimo in bagno.» Poi si alza e si allontana senza guardarsi indietro.

«Aspettatemi qui, ragazzi», il padre di Azzurra si alza anche lui. Non sembra arrabbiato.

«Sì papà.»

Lui si piega sulle ginocchia e mi prende le guance tra le mani. Con gentilezza, però, non per pizzicarle come fanno spesso gli adulti.

«Non preoccuparti, ora passa. Vado a riprendere la tua mamma.»

«Lei, lei...», mi scendono le lacrime sulle sue dita, «non vuole mai parlare del mio papà e non è giusto perché tutti hanno un papà e una mamma, anche quando sono morti. Io invece no. Io ho solo uno stupido nome e basta» non riesco a fermarmi.

«Io avevo un papà che sarebbe stato meglio non avere. Alla tua età ti avrei invidiato, sai?»

«Perché?»

«Perché mi picchiava fortissimo con la cinghia e quando beveva picchiava anche la mia mamma.»

«Vuoi dire che la mamma ha cacciato via papà perché mi picchiava?» Non ci avevo mai pensato.

«Non lo so, piccolo. Ma credo che come ogni brava mamma stia solo cercando di proteggerti.»

«Ma io lo voglio sapere lo stesso.»

«Credo proprio che l'abbia capito» mi dà un bacio sulla fronte. «Adesso però aspettate qui. Intesi?»

«Va bene, signor Crespi.»

«Il signor Crespi era mio nonno. Io sono solo Giorgio. Dammi del tu, d'accordo?»

Faccio "ok" con il pollice perché ho troppo il magone

per parlare e lo guardo allontanarsi mentre raggiunge la mamma.

Io e Azzurra restiamo in silenzio con lo stato d'animo di un animale che avverte per istinto quando sta per arrivare il terremoto.

Invece non solo il terremoto non arriva, ma mia madre e suo padre tornano al tavolo dieci minuti dopo, quasi contenti (anche se mamma ha gli occhi rossi come se avesse pianto).

Quando mi raggiunge, mi abbraccia: «Continuiamo il giro?» propone.

Procedendo lungo il corridoio si raggiunge la Grande Nave Blu, dove una guida ci racconta dei grandi laghi dell'Africa: il Vittoria, il Tanganika e il Malawi sono caratterizzati dalla presenza di numerose specie appartenenti alla famiglia dei ciclidi.

Azzurra è così entusiasta che cade due volte per correre incontro alle cose. Suo padre sussulta peggio che se fosse caduto lui, ma se si avvicinasse per tirarla su, lei si arrabbierebbe moltissimo perché non sopporta di essere trattata da impedita. Solo se l'aiuto io si aggrappa al mio braccio per rialzarsi senza problemi: sa che non la vedrò mai in quel modo. Potrebbe anche cadere fino a consumarsi le ginocchia ma ai miei occhi sarà sempre una ragazzina in gamba, molto più di tutte le altre del mondo.

«Guarda, guarda!» strilla: «Le tartarughe!» Gli occhi di Azzurra sono due lucciole. Ha sempre avuto una vera passione per le testuggini. Le sogna addirittura e a volte dice di risvegliarsi a pancia in giù con le gambe e le braccia a rana, ancora convinta di essere una di loro. Fa il verso di quelle bocche sdentate e sembra nonna Olimpia, precisa identica!

Entriamo nel terrario e la mamma ci legge che ospita cinque nuove specie di vegetali e quattro specie di animali: testuggine aracnoide comune (di terra), tartaruga elmetto (d'acqua dolce), iguana malgascia dalla coda spinosa, iguana malgascia dalla coda maculata.

«Ne portiamo a casa una?» scherza Azzurra.

«No. Portiamoci a casa un pinguino!» interviene suo padre.

«Vogliamo prenderne uno anche noi?», mamma sembra felice: «Possiamo sempre tenerlo nel frigo!» Di solito non scherza in questo modo.

«Per conservarli della loro temperatura ci vorrebbe la potenza refrigerante di quattrocentocinquanta frigoriferi insieme» ci dice Giorgio, leggendo il volantino che abbiamo preso all'entrata. Io chiedo una penna alla mamma e scrivo dei nuovi appunti sul taccuino d'emergenza che ho comprato all'autogrill appena mi sono accorto di aver dimenticato a casa il quaderno delle scoperte.

"La vasca dei pinguini ha una profondità massima di 3 metri. È lunga 12 e larga 7. L'acqua ha una temperatura stabile intorno ai 4-5° C. La temperatura dell'aria varia da min. 1° C nel periodo invernale a max. 14° C durante il periodo estivo. Nella vasca ci sono pinguini di due specie: pinguini papua e pinguini di Magellano. Ogni pinguino mangia due volte al giorno un totale di 0,5 kg di aringhe. Il cibo viene somministrato manualmente dal personale addetto oppure attraverso il distributore automatico subacqueo."

Alle quattro usciamo dall'ascensore panoramico ancora con gli occhi pieni d'acqua e di informazioni.

Io e Azzurra stringiamo lei il suo peluche della foca bianca e io il mio tirannosauro dall'aria minacciosa. L'orrido T-Rex è stato oggetto di discussione perché non aveva niente a che fare con l'Acquario anche se è proprio lì che lo abbiamo preso: al gift shop interno.

Azzurra ha detto che nemmeno le foche bianche c'erano, perciò se io non potevo avere il dinosauro lei avrebbe rinunciato al suo pupazzo. Mia madre ci avrebbe lasciati entrambi a bocca asciutta, Giorgio invece è tornato indietro e ce li ha comprati. Ha preso anche una tazza per le tisane con disegnato un pinguino che fuma la pipa seduto in poltrona. Molto buffo, secondo me. Sulla tazza, proprio vicino al bordo, c'è scritto "Matilde", che è l'altro nome di mia mamma. Infatti la tazza è per lei.

Il regalo deve averla messa in uno stato d'animo pazzesco perché poi si è lasciata trascinare ovunque, apprezzando ogni cosa come se si fosse accorta all'improvviso di essere in vacanza.

Azzurra mi guarda intensamente: «Se tua madre e papà si mettono insieme, noi diventiamo come fratelli».

«Siamo già come fratelli» la rassicuro. Anche se non posso negare di averci pensato anch'io: «Però se diventiamo della stessa famiglia non possiamo più sposarci» aggiungo.

«Ma se diventiamo fratelli non serve più sposarsi perché staremo sempre insieme lo stesso» mi prende la mano, ma io mi divincolo stile tarantolato. Azzurra ci rimane malissimo, così mi dispiaccio subito di aver avuto quello scatto... solo non mi va che i nostri genitori vedano che ci teniamo la mano. Provo a spiegarglielo ma non è il tipo che si convince facilmente e resta triste come se stesse pensando che non mi vuole vedere mai più.

Siccome questa sarebbe una cosa ben peggiore del fare la figura della femminuccia davanti ai genitori, alla fine le prendo le dita tra le mie diventando rosso come l'aragosta di vetro di Murano che abbiamo sulla credenza.

Azzurra si illumina subito trasformando il suo viso nella corolla di un fiore appena aperto e così attraversiamo le vie interne di Genova (che non si chiamano "budello" ma "carruggi") tanto felici da sentirci svenire.

* * *

Il viaggio di ritorno dura cinque minuti. Siamo stati teletrasportati a Casale. Solo all'uscita dell'autostrada Azzurra mi lascia la mano, che ora è calda. Mi ha raccontato il suo incubo ricorrente e io avrei voluto stringerla forte e darle un sacco di baci, però mi sono dovuto accontentare della mano.

«In sogno ho dodici anni» ha cominciato, «lo so perché ho appena soffiato sulle candeline. Mio padre mi accompagna alle giostre e sale con me sulle catene. Sono tesissima: mille volte ho tentato di prendere la coda di coniglio, ma sono sempre troppo piccola, ho paura di cadere, non la raggiungo mai. Ora però sento che è arrivato il mio momento. Lascio che un signore mi assicuri al seggiolino e che mio padre si sistemi sul sedile dietro il mio, pronto a lanciarmi nel vuoto. Tu resti a terra con i compagni di classe e Marika, che ti tiene la mano mentre la inciti a fare il tifo per me. Io fisso la coda di coniglio che penzola in alto, pronta a essere afferrata da una mano lesta. La mia. La musica è assordante, la giostra si mette in moto. Sono l'elastico di una fionda. Il seggiolino oscilla al vento e io sento la terra staccarsi sotto le mie scarpe da ginnastica. Giro due, cinque, dieci volte prima di raggiungere la giusta altezza e, a quel punto, papà mi lancia con tutta la forza delle sue gambe verso la meta.

Tendo prima la mano, poi tutto il corpo: se la barra di protezione si alzasse adesso finirei sfracellata al suolo e pensarci mi mette addosso un brivido di eccitazione. "Vai... vai..." urla mio padre, mentre come un razzo raggiungo la coda di coniglio. Sento il pelo accarezzarmi il palmo: è più ruvido e stopposo di quanto mi aspettassi. Stringo gli occhi e la mano. Ci sono... è mia. È mia! In quel momento, la musica finisce e sento distintamente, da una manciata di metri sotto, Marika che urla: "Attenta: ti si vedono le mutande!".

Istintivamente apro il pugno e porto le mani alle cosce. La coda di coniglio è rimasta al suo posto e, un attimo dopo, è passata nelle mani di un ragazzino con le lentiggini. La giostra si ferma al rallentatore e io resto seduta, lo sguardo fisso al gancio dove era appeso il lasciapassare per un nuovo giro omaggio. Tanto un altro giro non lo voglio fare mai più! Desidero soltanto nascondermi nel buco di una marmotta e non uscirne fino alla prossima primavera.» Finalmente fa una piccola pausa e poi conclude: «Non è tanto per lo scherzo né perché la gente sta ancora ridendo. E nemmeno perché mio padre sembra deluso di me. Il motivo per cui vorrei scomparire all'istante, piena di vergogna, è che – mutande o meno – sapevo benissimo che quella mattina avevo messo i jeans».

«Se Marika facesse una cosa del genere, le strapperei il naso con tutte le caccole e glielo farei mangiare» dico serio che più serio non si può.

E a quel punto succede una cosa incredibile: Azzurra si

gira pianissimo verso di me e io faccio lo stesso per guardarla bene in faccia. Credo stia per dire qualcosa sottovoce perché si avvicina sempre di più, invece appoggia le sue labbra sulle mie e mi dà un bacio. Proprio lì, con mia madre e suo padre che se si voltavano ci vedevano. Forse dovevo tirare fuori la lingua ma sono stato preso alla sprovvista, e adesso è troppo tardi perché si è già staccata da me. Mai e poi mai esercitandomi con Leonora ho provato una cosa simile.

È come se mi stessero strizzando il pisello e il cuore batte così forte che mi sento mancare.

Il mio pisello è lungo all'incirca come un dito indice, ma senza l'osso. Quindi, in teoria, non dovrebbe stare in piedi. Fino a poco tempo fa, quando lo prendevo con due dita e lo tiravo su, mi ricadeva tra le gambe come svenuto e mi osservava con quello che a me sembra una specie di vasino da notte infilato al contrario sull'estremità superiore. Questa forma "a vasino" non ce l'hanno tutti. La maggior parte dei miei compagni ha un pezzo di pelle in più sulla punta. Io no perché sono stato circonciso appena nato, come gli ebrei.

«È più igienico!» ha detto mamma quando le ho chiesto come mai mi avesse fatto una cosa del genere.

Secondo me è soltanto più imbarazzante quando sei con i compagni nello spogliatoio della piscina e tutti ti guardano e poi si guardano tra loro come a dire: "Hai visto? A Gauss ne manca un pezzetto!".

Invece adesso il mio "vasino da notte" si è disteso insieme al resto del dito senza osso: forse ho una malattia e sarebbe il caso di dirlo a qualcuno. Però, uno: mi vergogno troppo, e due: vedo che la cosa scompare nell'arco di dieci minuti o appena comincia a scapparmi la pipì, perciò credo si tratti di un effetto collaterale della circoncisione.

Sono ancora arrabbiato se penso a quello che mi hanno fatto alle parti basse, ma non voglio farlo pesare alla mamma perché abbiamo già litigato finché basta per questa mutilazione a cui mi ha sottoposto quando non avrei potuto ribellarmi nemmeno volendo.

Siamo sotto casa nostra.

«Buonanotte» balbetto, mentre il pisello torna al suo posto piano piano.

Giorgio ci saluta con la mano dalla Cinquecento finché non siamo entrati nel portone.

La mamma sorride ancora beatamente e mi fa una carezza accaldata sulla guancia verso l'ultima rampa di scale.

«Grazie Gauss. Dovevo darti retta: dovevamo andarci prima all'Acquario!» ansima.

Siamo saliti di corsa, a piedi perché l'ascensore era occupato e non avevamo voglia di aspettarlo. Forse avremmo dovuto perché sull'ascensore c'era Gabriele e, se tanto mi dà tanto, incontrarlo ci avrebbe evitato brutte sorprese.

Invece, appena superata la soglia della cucina, mamma smette di sorridere di colpo: mia sorella Leonora piange disperata tra le braccia della nonna e, dalla faccia che ha, capisco al volo che è successo qualcosa di grave.

* * *

Con l'orecchio appiccicato alla porta della sua camera da letto, mia sorella si starà certamente domandando che cosa succede in salotto. Io lo so: mi sono nascosto dietro il divano come faccio sempre quando vengo spedito lontano dagli adulti e dai loro segreti. Questa volta per poco non caccio un urlo: Leonora è incinta! Mamma l'ha appena saputo e non l'ha presa bene. Continua a ripetere che è tutta colpa sua, ma non so proprio come possa esserlo.

Una cosa è certa: la colpa non è mia per una volta! La seconda cosa certa è che questa è la scoperta più scoperta di tutte le scoperte scritte mai nel quaderno delle scoperte. Persino più interessante dell'aver scoperto che quando una ragazza ti dà un bacio il primo a rendersene conto non sei tu ma il tuo pisello! Non vedo l'ora di raccontarlo ad Azzurra!

«Adesso però calmati» dice nonna Olimpia alla mamma.

«Calmarmi, dici? Ma ti rendi conto di che figlia cretina?»

Finalmente ci sono arrivate! Quando lo dicevo io, che me

ne sono reso conto subito, nessuno mi dava retta e anzi, mi toccava pure chiederle scusa!

«Siamo nel 2011: ci sono mille modi per evitare una gravidanza. Se una resta incinta vuol dire proprio che se l'è cercata!»

Come si fa a cercarsi una cosa del genere? Ho scoperto l'anno scorso come nascono i bambini e devo dire che non credo ne avrò mai uno in quel modo. Temo che se infilassi il mio pene nella vagina di una ragazza rischierei che ci restasse incastrato. Che non me lo restituisse più. Non dico apposta, ma è comunque un rischio. Nessuno può sapere cosa si nasconda in un antro oscuro: ce lo ha spiegato anche la guida dell'Acquario mostrandoci che, in quelle grotte apparentemente vuote davanti a noi, in realtà vivevano le terribili murene.

«Senti, Genna: sono rimasta di sale anch'io ma è sempre di un bambino che stiamo parlando, non di droghe o di una malattia grave. I veri drammi sono altri!»

Mia madre, per la quale tutto è un problema (figuriamoci diventare nonna a trentasei anni), non è d'accordo e continua a piangere ancora peggio di come ha fatto mia sorella fino a dieci minuti fa, quando è stata mandata a dormire.

«Me lo dici tu, mamma, come facciamo? È ancora una bambina anche lei!»

«Una bambina mica tanto, vista la situazione.»

«Brava. Fai la spiritosa.»

«Non faccio affatto la spiritosa» si difende la nonna, «ma mi corre l'obbligo di rammentarti che tu avevi all'incirca la stessa età quando sei rimasta incinta di Leonora.»

«Era una situazione completamente diversa» si difende mamma.

«Infatti. Francesco di prendersi mezza responsabilità non ne voleva sapere, invece Gabriele è addirittura contento, guarda un po'.»

«È contento, dici?» mia madre sembra sempre più preoccupata.

«Di certo più contento di lei!»

Mamma si lascia cadere esausta sul divano accanto alla nonna e le poggia la testa sulla spalla.

«Sappiamo entrambe che caratterino ha tua figlia: non si lascerà condizionare da nessuno. Quel che è fatto è fatto, tante parole sono completamente inutili. Non aggrediamola. Aspettiamo di sapere come pensa di affrontare lei questa cosa. Dopodiché cercheremo di capire come muoverci», nonna Olimpia ha un tono dolce come una ninna nanna. «In ogni caso, come ho sempre detto, dove si mangia in quattro si mangia anche in cinque.»

«Era "dove si mangia in due si mangia anche in tre", mamma.»

«Fa lo stesso. Andrà bene, piccola mia. Te lo prometto» dice la nonna. «Ti voglio bene.»

«Anch'io mamma. Tanto.»

Poi mia madre si alza per raggiungere Leonora nella sua stanza e io osservo il soffitto, sdraiato sul pavimento. Un istante dopo sento la voce di nonna Olimpia che mi raggiunge come una coperta.

«E tu vieni fuori di lì, testa di rapa che non sei altro.»

Un bambino è l'opinione di Dio che il mondo deve continuare a esistere.

CARL SANDBURG

Le 7.30 di domenica mattina. Ieri era sabato e a questa stessa ora io e la mamma stavamo per andare all'Acquario con Giorgio e Azzurra. So che è così, ma continuo a ripetermelo nella mente perché faccio una fatica bestiale a credere che sia successo meno di ventiquattr'ore fa. Oggi tutto è già diverso. Lo capisco dai rumori, anzi: dalla loro totale assenza. La casa è immersa nel silenzio, cosa che non succederebbe mai in un giorno qualsiasi. Ma oggi non è un giorno qualsiasi. Lo sappiamo tutti ed è per questo che nessuno si è ancora alzato: perché poi non potrà più fingere di aver sognato. Vorrei che la direttrice didattica signora Pani fosse qui ora, così finalmente capirebbe: la mia non è una famiglia normale. Non c'è nessun equivoco! Improvvisamente mi sale una gran voglia di urlare fortissimo. Forse perché sto diventando zio e, come al solito, nessuno mi ha chiesto cosa ne penso o se sono pronto a un passo così importante. O, magari, perché stiamo iniziando l'ennesima recita in casa, dove nessuno dice mai le cose come stanno e vorranno obbligarmi a fare la mia parte. Già me lo immagino: "Non ti azzardare a dire a qualcuno cosa sta succedendo, Gauss!", "Non provare a raccontare che tua sorella aspetta un bambino fino a nuovo ordine, Gauss", "Salta, Gauss", "Ridi, Gauss".

Perché nessuno qui dentro è capace di essere sincero a parte me? Come mai Leonora non racconta quello che ha fatto se non ha nulla di cui vergognarsi? Perché mia madre ha preso dentro di sé il pisello di un uomo di cui non devo sapere nulla? Magari l'ha risucchiato nella caverna, ingoiato per intero come certi serpenti fanno con la loro preda. Mi viene in mente *Il piccolo principe* quando disegna un elefante dentro al boa.

Alle nove, finalmente, ci decidiamo tutti ad alzarci. Prima comincia la nonna, che va in cucina a preparare le frittelle di mele, come fa quando c'è qualcosa da festeggiare. Poi io e, per ultime, arrivano mamma e Leonora che hanno dormito insieme non si sa perché.

Ci sediamo al tavolo della cucina come se nulla fosse, ma Leonora si accorge che le sto guardando la pancia e si arrabbia.

«Si può sapere cosa vuoi?»

«Niente» borbotto, continuando a fissarla come se mi aspettassi di vederla già più grassotta. Invece no. È sempre abbastanza magra, anzi: in faccia sembra smunta e sulle guance è come se ci avesse passato sopra lo scavino del gelataio per toglierne un po'. Non l'ho mai vista così. Non saprei definire come. Triste mi pare poco, disperata mi pare troppo. Certo, comunque, bene non sta.

«Allora non rompere» mi rimprovera stancamente. Senza convinzione.

«Calmati! Non ho detto niente!» protesto. Poi decido di lasciar perdere.

«Quante ne volete?» chiede la nonna a nessuno di noi in particolare. Diciamo a turno "due o tre" e cominciamo a chiacchierare di tutto, tranne di quello che vorremmo veramente. In ogni caso nessuno ascolta, quindi fa lo stesso.

«Non mi hai raccontato del parco acquatico», la nonna si siede accanto a me con la sua tazza di latte e miele.

«Non ne ho nemmeno avuto il tempo, mi pare», sono offeso. Perché, poi? «In ogni caso non era un parco acquatico!» preciso.

«Chissenefrega del tuo stupido parco» ringhia Leonora che è più fuori del solito.

«Chissenefrega del tuo stupido bambino!»

Non l'ho detto apposta, mi è scappato. E ora vorrei chiedere scusa al nipotino nella pancia perché non c'entra niente. Non è colpa sua se mia sorella è fatta così.

«Che cazzo ne sai di questa storia, eh?», mi prende per i capelli e tira.

Io urlo, mamma urla: «La dovete smettere!» mentre cerca di separarci e Leonora grida contro la nonna: «Sei stata tu a dirglielo?!» senza mollare la presa.

In quel momento suona il citofono. Leonora mi lascia di colpo e va ad aprire «Se dici ancora una parola, giuro che ti ammazzo» ringhia.

Ho due lunghi graffi sulla guancia e un orecchio viola.

«Avete visto che roba?» domando, sistemandomi i capelli come posso.

«Apri ancora la bocca e finisco io di suonartele» borbotta mamma.

Gabriele entra in cucina con un'espressione stravolta da morire.

«Buongiorno» esordisce. «Ciao Gauss.»

«Vuoi una frittella?» gli sorrido offrendogli il mio piatto. Si chiama solidarietà maschile.

«Magari più tardi. Ora dovrei parlare con la tua mamma», ha l'aria di un cucciolo che è appena stato abbandonato in autostrada. «Che cosa hai fatto alla faccia?»

«È stata quella pazza lì» indico Leonora, che però resta inespressiva.

«Vieni, su», la nonna mi prende per mano che ho ancora la frittella nel gozzo: «Andiamo a prepararci per uscire. Abbiamo un sacco di cose da raccontarci, noi due.»

* * *

A parte il fatto che qui ci sono i Krumiri di Anna, che sono i più buoni e fantasmagolosi del pianeta (si chiamano "Krumiri di Casale" ma Anna è la proprietaria del posto biscottoso dove li fanno e siccome è sempre molto carina con me, li ho ribattezzati), come dicevo: a parte i Krumiri, Casale Monferrato non è poi così diversa da Torino con i suoi gianduiotti (anche se Gianduia è un personaggio inventato, non come Anna che esiste davvero!). Per esempio, entrambe hanno un centro con una via principale piena di negozi che si chiama via Roma e in tutte e due le città io ho sempre bazzicato solo dalle parti di questa via benedetta. Anche ora con la nonna.

Stamattina Casale è allestita a festa. La gente passeggia tenendosi per mano e tutti salutano tutti perché si conoscono da sempre. I genitori dei miei compagni, per esempio, spesso sono stati a loro volta compagni di scuola e ogni sabato escono insieme con e senza figli. Forse tra un po' mamma potrebbe uscire con il papà di Azzurra, ma non sarebbe la stessa cosa perché ormai lei non sarà mai più la mia compagna di banco.

A maggio qualche volta, come oggi, ci sono le bancarelle ai lati della strada perché è tempo di una manifestazione che si chiama Riso e Rose, il che per me significa giostre e torrone a volontà (lo compro di nascosto con la paghetta perché, grazie a quel maledetto Livio Cito, ora a casa mia sono tutti convinti che niente faccia venire la carie quanto il torrone).

Il torrone Sebaste è quello che mi piace di più perché è duro e croccante, non molliccio come certi altri che si rivelano una delusione.

«Allora Gauss» comincia la nonna dopo avermi stretto un paio di volte la mano ed essersi accorta che di giocare non ho nessuna voglia. «Ti va di parlare un po' di quello che è successo?»

«Ieri, intendi?»

«Sì.»

«All'Acquario o a casa?»

«Quello che vuoi.»

«All'Acquario è andata bene: c'erano un sacco di pesci, Azzurra è caduta solo due volte, suo padre è molto più simpatico di quel che credevo e mamma ha dato in escandescenze per tre minuti e stop.» Vorrei dirle del bacio, ma questa è una delle poche cose che preferisco tenermi tutte per me. Non so se riesco a spiegarmi ma a volte, quando succede un fatto proprio molto bello, se lo spifferi un po' te lo perdi. Ma se lo conservi tutto nascosto, ogni volta che ci pensi quella sensazione ritorna. Un po' come un cane che ti aspetta a casa e scodinzola tutte le volte che torni da lui.

«Tu e mamma avete litigato di nuovo?»

«Non ho litigato, io. È solo che non capisco perché non vuole dirmi nulla di mio padre. Ed è inutile che chieda a te perché tanto spegni gli auricolari.»

Ma stavolta non li spegne. Per un attimo, siccome sta zitta due minuti buoni, credo stia semplicemente per cambiare argomento. Invece no.

«Hai ragione» dice seria. «Credo che tu abbia tutte le ragioni del mondo.»

«Allora dimmelo, nonna.»

«Non posso.»

«Perché?»

«Perché l'ho promesso.»

«Alla mamma?»

«Sai che non ti mentirei mai, vero Gauss?»

«Più o meno...»

«Be', se non lo sai te lo dico io: non ti mentirei mai su una cosa del genere perciò apri bene le orecchie!» prende un piccolo respiro. «Ti prometto che presto mamma ti dirà quello che vuoi sapere. Ne stiamo parlando. Se non l'ha fatto prima ha dei buoni motivi, sul serio. Nessuno vuole tenerti nascoste le cose ma qualche volta gli adulti si ficcano in pasticci ancora più complicati di quelli in cui ti infili tu. E siccome non li sgrida nessuno perché, appunto, sono adulti, a furia di insistere le cose diventano così ingarbugliate che non si sa più come uscirne.» Mi scruta il viso per sincerarsi che le stia dietro: «Capisci quello che intendo?».

«Un po'.»

«La tua mamma ti vuole un bene grande come il mondo, amore mio. Se fa così è solo perché...» ci pensa un attimo, «hai presente la palla fatta di elastici che abbiamo costruito insieme per tenerli in ordine?»

«Ho presente, sì.» Ci avevamo messo tre ore ad assemblarla e poi abbiamo dovuto buttarla nel cestino della spazzatura perché non riuscivamo più a separare gli elastici quando ce ne serviva uno.

«Ecco. La mamma ha messo in ordine la sua vita, un elastico sopra l'altro in modo da non perdere il filo. Solo che adesso tu vuoi sciogliere la palla e non è così facile senza romperla» sospira. «Quello che sto cercando di dirti è solo che ha bisogno di un po' di tempo e ti prometto che poi ti racconterà tutto quanto.»

«Quanto?»

«Be'... magari non proprio tutto...» ammette.

«No. Quanto devo aspettare?», ora dirà che non lo sa. Mi ha fatto fesso un'altra volta.

«Sei mesi» afferma seria, invece, sbilanciandosi, «sei mesi al massimo» conferma. «Ma in questo periodo devi lasciarla in pace. Me lo prometti?»

«E tu mi prometti che non lo dici solo per prendere tempo?»

«Giurin giuretto e croce sul cuore. E ora che ne pensi di comprarci un pezzetto di torrone per uno in ricordo di questa giornata?»

Venti minuti dopo torniamo verso casa mano nella mano facendo il gioco delle strette mentre io rosicchio e lei succhia il pezzo di torrone più grande e squisito che mi abbiano mai venduto gli ambulanti giostrai di piazza Castello.

Mentre siamo lì che ce la godiamo, nonna Olimpia ricomincia a parlare. «Adesso però ci tocca fare un altro discorsetto, lo sai?»

«Per via del nipotino?», abbasso lo sguardo. «Perché se è per quello non penso affatto che sia stupido. L'ho detto per ripicca. Insomma: se siamo fortunati prenderà da Gabriele! È possibile, giusto?»

«Tutto è possibile. Ma ora è davvero molto importante che tu mi ascolti»

* * *

Due ore dopo siamo di nuovo a casa. Mamma è uscita. Mia sorella sarà con Gabriele e io mi sento talmente pieno di torrone che mi è venuta la nausea, così non mangio nemmeno il pranzo: dormo ancora un'oretta poi mi lavo i denti e telefono ad Azzurra per sapere quando posso passare da lei.

Il tempo fa schifo, quindi non esce di casa, però posso andare a trovarla quando voglio. Allora vado subito. Prima però passo dai giardinetti a guardare un po' di half-pipe. Mi rilassa vedere quei tizi sfrecciarci sopra come se niente fosse. Su e giù dallo stesso percorso, ogni volta insidioso come se fosse nuovo. Infatti qualcuno un volo ce lo fa sempre. Magari piccolo, però lo fa.

Io vorrei avere abbastanza fegato da unirmi a loro, ma sono tutti più grandi di me e hanno un modo di comportarsi tra loro molto diverso da quello che ho io con i compagni di classe. Sembrano una famiglia: è come se si conoscessero da un secolo e quando vogliono comunicare spesso usano parole in codice che io non capisco perché sono parecchio diverse dal dadese e dall'alfabeto farfallino. Quindi sto sulla panchina, a distanza di qualche metro, e studio le loro mosse. Li guardo sognando il giorno in cui sarò pronto. Quel momento magico in cui anche io potrò fare parte di una specie di famiglia dove tutti quanti si trattano con rispetto. Perché è così che funziona nello sport: l'ha detto l'insegnante di ginnastica e lui è anche allenatore di una squadra di calcio, perciò certe cose le sa.

«Senti un po'...!?», un ragazzo sui quattordici anni mi fa segno di avvicinarmi. Ha la tuta dell'Adidas e un paio di ginocchiere spesse tre dita. «Dici a me?» e subito mi sento scemo perché siamo soltanto io e lui.

«Sì, vieni qui» sorride.

Mi avvicino.

«Come ti chiami?»

«Gauss. Piacere.»

«Io sono Morgan», mi stringe la mano.

«Morgan? Come quello di X Factor?»

«Più o meno. In realtà quello lì si chiama Marco.»

«Se è per questo Gauss è un cognome!»

Ci mettiamo a ridere. «Bei nomi del cazzo!» dice, «i nostri genitori non devono averci voluto molto bene.» Ride ancora e si accende una sigaretta: «Vuoi?».

«No, grazie. Non fumo.» Poi mi sento in dovere di chiarire che mia madre a me vuole bene anche se mi ha chiamato Gauss.

«La mia invece no. Quando avevo cinque anni mi ha mollato con i nonni per andare a Bologna dietro a un camionista e non è più tornata.»

«Magari sta con mio padre. Io nemmeno so chi sia perciò non faccio che immaginarlo. Ora per esempio me lo vedo su un camion rosso fuoco che se ne va in giro con una signora bionda. Tua mamma è bionda?»

«Non lo so. Si tingeva continuamente.»

«E perché?»

«Perché è una troia.»

«Poveretta. Mi spiace.»

«Senti, possiamo cambiare argomento o passiamo tutto il pomeriggio a scambiarci le sfighe?»

«Sei bravo con quello», indico lo skate.

«Sul serio?»

«Certo! Io dico sempre la verità.»

«Allora: vuoi provare?», ci siamo seduti sul bordo della pista e da qui fa ancora più paura.

«Non credo. Anzi, no. Non voglio.»

«Sicuro?»

«Sì, sicurissimo.»

Morgan ha i capelli rossi lunghi uno sproposito e certi boccoli strani che pare passi la vita a infilarsi piccoli bigodini. Al naso ha un orecchino ad anello e uno di legno enorme gli trasforma il lobo in un buco che ci passano dentro due dita. Sembra simpatico però ha dei modi che mettono un po' a disagio.

«Se non vuoi, allora come mai ti vedo sempre seduto lì, sulla mia panchina?»

«Ah, scusa. È tua?»

«Ci vengo la sera con la mia ragazza, però di giorno ci puoi stare quanto vuoi.»

«La sera ci sono i tossici qui. Non hai paura?»

«Non siamo tossici, siamo rasta e al limite ci facciamo qualche canna.»

«Cos'è una canna?»

«Una canna, uno spinello. Ma dove vivi?»

«Via Hugues 36. Tu lo sai che cosa vuol dire "mettersi

a strapparadicchio"?» Ha l'aria di uno sveglio perciò magari lo sa.

«Certo che sei proprio un bel tipo!»

«Grazie. E allora?»

«Allora cosa?»

«Lo strapparadicchio.»

«Vuol dire mettersi alla pecorina»

«È come il salto della cavallina che facciamo a ginnastica?»

«Più o meno.»

«Ok, grazie. Ora devo proprio andare.» Azzurra mi aspetta.

«Ci si vede. È stato un vero piacere.»

Anche per me!

* * *

Stamattina, tornando a casa, la nonna mi ha spiegato che ci sono bambini che non nascono affatto. Alla loro mamma viene il mal di pancia e loro muoiono. Succede spesso, a quanto pare. Si chiama aborto e non mi piace per niente anche se non è una malattia vera e propria. Una cosa che fa morire i bambini è orrenda comunque: in qualsiasi modo si chiami. La nonna ne ha avuti due e poi ha smesso di provare a fare dei figli suoi perché era troppo doloroso. Una volta capitava moltissimo perché non c'erano le cure che ci sono oggi, ma non capisco per quale motivo me lo abbia detto. Forse ha paura che succeda anche a Leonora.

Quando finisco di raccontare ad Azzurra di Morgan, di mia sorella, di nonna Olimpia e dei suoi bambini morti sono già quasi le sei di sera. Le ho detto di giurare che non avrebbe raccontato ad anima viva quello che le stavo rivelando. Non c'era nessun bisogno che giurasse perché Azzurra è una bambina molto riservata, ma l'ha fatto lo stesso. Ha voluto sapere tutti i dettagli, ma credo di non averle dato grande soddisfazione perché più di tanto non so nemmeno io.

Quello che sembra impressionarla maggiormente è scoprire che noi non siamo credenti. La mia famiglia non è cattolica. Dio, gli apostoli, i santi: non ce ne importa niente anche se a me dispiace che non esistano perché la maestra di religione Sara parla di queste parabole bellissime e Gesù mi fa tanta simpatia.

Mamma sostiene che devo considerarla l'ora delle favole: «Hai presente quella di Babbo Natale, della Befana e degli UFO? Ecco: così!».

Ci rifletto: devo dire che ha una sua logica. Infatti, il 25 dicembre, da qualcuno passa anche Gesù Bambino, perciò ci sta che siano personaggi di fantasia tutti e due.

Un giorno ho chiesto alla maestra di religione Sara se il paradiso di quelli che credono a Babbo Natale è al Polo Nord e come mai non c'è un'ora di lezione in cui si parla della vita ultraterrena nel paese delle renne e perché lei non ci racconta mai di tutti i giocattoli che potremmo avere se moriamo che siamo stati buoni.

L'insegnante mi ha guardato storto e ha detto che se avevo voglia di fare lo spiritoso potevo uscire in corridoio e aspettare lì la fine della lezione. I cattolici devono essere abbastanza suscettibili su questo argomento!

«Quindi tu non sei battezzato?»

«No. Perché? È un problema?»

Lei scoppia a piangere: «Ma così se muoio non ti rivedrò nemmeno quando sarai così vecchio da raggiungermi».

Non so neppure di cosa stia parlando ma improvvisamente mi ricordo di Carlo, della ricerca su internet e del fatto che la parola più grave di tutto l'articolo era "degenerativa", che vuol dire che va peggiorando, ma da nessuna parte si menzionava la morte. Nemmeno questo però la consola e incomincia a raccontarmi cose terribili su quello che succede a chi non riceve i sacramenti. Giuro: di botto mi pento di non essere rimasto con Morgan a provare l'half-pipe. Nessuna caduta al mondo mi farebbe più paura di quello che sto ascoltando adesso da Azzurra. E la cosa peggiore è che non mi bacia neanche una volta.

* * *

A casa c'è un clima irrespirabile. Leonora non fa altro che piangere e mia madre passa dall'abbracciarla all'essere arrabbiata con lei con una velocità che mi fa girare la testa. Mia nonna come al solito è l'unica che resta più o meno normale, anche se ha già svuotato la Madonnina di Lourdes due volte e nessuno ha preparato la cena. Mangio un panino al prosciutto e vado in camera di Leonora per vedere come sta.

La trovo seduta a gambe incrociate sul letto così la raggiungo e ora le sto appollaiato ai piedi come una gallina.

«Tu il bambino lo battezzi?» Azzurra dice che quelli molto piccoli se non vengono battezzati rischiano di morire e passare l'eternità vagando per il cielo senza corpo e con le ali attaccate alla testa.

«Non c'è nessun bambino da battezzare!» Mi guarda con degli occhiacci terribili: «Se parli a qualcuno di questa faccenda ti uccido, hai capito bene?».

«Tanto prima o poi si verrà a sapere», faccio spallucce.

«No invece, perché io il bambino non lo tengo. Chiaro?»

«E cosa ne vuoi fare: lasciarlo sui gradini di una chiesa?»

«Non sono affari tuoi», risposta tipica di mia sorella.

«Ma se non lo battezzi e muore, si troverà a vagare con due ali attaccate alla testa e senza il corpo!» insisto. È giusto che lei sappia.

«Ti ho detto che non nascerà neanche, va bene?»

«Come lo sai?»

«Lo so e basta. E ora levati dalle palle!»

Mi alzo confuso come non mai e faccio per uscire. Sapevo che le donne incinte sono strane, ma questa delira. Non ho ancora nemmeno raggiunto la porta di camera sua che la sento scoppiare di nuovo a piangere.

Incredibile ma vero: sto tornando verso di lei per consolarla. Mi ci sdraio accanto e la stringo con un braccio solo.

«Vedrai che il tuo bambino nascerà forte e sano come un torello», le accarezzo i capelli. Questo gesto deve commuoverla moltissimo perché non solo non smette, ma piange ancora più forte, per un sacco di tempo.

* * *

Non avevo idea che un bambino portasse tanto scompiglio: a me non sembra una cosa così difficile da accettare e, personalmente, spero proprio che sia un maschio. Non vedo l'ora che nasca, anzi. Così non dovrò più preoccuparmi che a mia sorella venga il mal di pancia e a lui succeda qualcosa di brutto. Certo però che nove mesi sono un sacco di tempo... praticamente un intero anno scolastico!

Penso a questa cosa e mi sento come se fosse un po' anche mio. Io non ho nessun papà e lui non è ancora nato e ha già due uomini maschi pronti a crescerlo. Due maschi e tre femmine: una folla, per quanto mi riguarda. Sarà dura perché adesso dovrò dividere la stanza con lui e insegnargli un sacco di cose tipo tenere un quaderno delle scoperte, andare in bicicletta, e quando mi chiederà come mai gli è toccata una madre così cretina dovrò inventarmi qualcosa di convincente perché una risposta vera non ce l'ho. Del resto, io le risposte non le ho quasi mai su niente. Su niente che conti davvero, intendo. Mia madre racconta bugie e mia nonna evita proprio, soprattutto se si tocca "l'Argomento". Leonora non sa nemmeno la tabellina del due, figuriamoci che può capire della vita, e siccome non conosco la sua identità, non posso andare da mio padre e chiedere direttamente a lui: perché te ne sei andato? Ti hanno costretto? Sei morto? Posso avercela con te o devi proprio continuare a mancarmi? Devo sentirmi fortunato perché sei fuori dalle scatole o invidiare tutti i bambini che vedo (persino quelli con i genitori separati), nipotino in arrivo incluso? Va bene, con lui non ce l'ho. Anche se la mia stanza puzzerà sempre un po' di cacca perché i neonati ne producono a chili, e tutto l'amore della famiglia verrà raccolto per darlo a lui che è piccolo e ne ha più bisogno. Nascerà e io diventerò un uomo adulto perché non c'è altro da fare. Più ci penso e più mi viene voglia di conoscerlo, questo bambino. Più ci penso e più mi fa paura. Ho tanti di quei pensieri che credo mi scoppierà il cervello invece, per fortuna, non succede e all'improvviso anche questa domenica finisce.

> Quando fai le cose per bene, nessuno sospetterà che tu abbia fatto realmente qualcosa.
>
> FUTURAMA

Stamattina, come ogni lunedì da un mese a questa parte, ci sono le prove dello spettacolo perciò, invece di andare a scuola, ci troviamo tutti (compagni e insegnanti) direttamente al teatro municipale alle nove. Questo vuol dire che posso dormire un pochino di più, che mi accompagna la nonna e che facciamo colazione fuori.

Il bar dove andiamo ha il vantaggio di essere proprio davanti a scuola mia: è uno spasso vedere quelli delle altre sezioni entrare appesantiti dalle cartelle mentre io sto per passare quasi l'intera mattinata in teatro alla faccia loro.

Mi fa pensare a quella volta in cui mia madre ha preso dieci giorni di ferie dopo Pasqua e ci ha portati sul Mar Rosso. Sapere di essere lì a fare snorkeling invece di matematica o che so io aggiungeva alle meraviglie del mare l'impagabile sensazione di trasgredire alle regole senza che nessuno potesse beccarmi o farmi una ramanzina. È stato dopo il Mar Rosso che ho cominciato a dare il tormento a tutti per visitare l'Acquario di Genova. Sapevo che non sarebbe stata la stessa cosa, ma meglio di niente.

«Che cosa posso portarvi?» La cameriera ce lo chiede senza nemmeno avvicinarsi. Dev'essere nuova perché non l'avevo mai vista prima. Mastica una gomma a bocca semiaperta e sbadiglia come un ippopotamo annoiato.

Io prendo un fagottino al cioccolato e un succo di frutta alla pesca. Nonna invece un marocchino chiaro e un cornetto alla marmellata di albicocche. Chiede anche alla signorina se per caso c'è una copia della "Stampa".

"La Stampa" purtroppo la sta già leggendo un signore, ma "Il Monferrato" dovrebbe essere ancora da qualche parte. La cameriera fa il giro del bancone, si china a raccoglierlo da una sedia bianca in fondo al bar e ce lo porge con l'aria di averci fatto una concessione.

«Meglio di niente» dice nonna sfoderando un sorriso non ricambiato. Meglio di niente per lei, forse. Io detesto quando gli adulti si mettono a leggere il giornale e a me tocca fare colazione in silenzio per non disturbarli.

«Il succo di frutta?» chiede la cameriera, tornando (sempre ruminando) al nostro tavolo con un vassoio pieno di roba.

«È per me, grazie», alzo il braccio come quando le maestre fanno l'appello in classe, «anche il fagottino.» Abbasso la mano.

Lei mette tutto sul tavolo e se ne va. Nonna Olimpia ha già il naso affondato nella cronaca locale da cinque minuti. A questo punto, normalmente, comincerei a sbuffare sempre più forte per attirare l'attenzione, ma stavolta succede qualcosa di inaspettato e sconvolgente. Lo sguardo mi cade di colpo sulla pagina rivolta nella mia direzione e per poco non cado dalla sedia.

La pagina dice così:

INDAGINE PER LA RICERCA DI PERSONE SCOMPARSE

Dati reali: 8000 persone scompaiono ogni anno, questa è la cifra allarmante che viene registrata in Italia.

Per circa il 70 per cento di coloro che "scompaiono" si tratta di allontanamento volontario o sottrazione operata da un genitore all'insaputa dell'altro.

L'Agenzia Investigativa Lost vi aiuta a ritrovare i vostri congiunti di cui non avete più alcuna notizia. Consapevole del dolore che affligge coloro che vivono tale drammatica situazione, l'Agenzia Investigativa Lost ha infatti ritenuto doveroso dedicare una sezione specializzata all'area della ricerca delle "persone scomparse".

La Lost ha introdotto un innovativo metodo che agisce tramite un'attività di intelligence mirata all'acquisizione di dati, fatti o testimonianze di terzi utili all'indagine. Il nostro esclusivo approccio all'inchiesta e alla ricerca prevede che ogni cliente disponga di un proprio referente personale (account) interpellabile ventiquattr'ore su ventiquattro, al fine di essere seguito in ogni fase del servizio, per aggiornamenti continui e in tempo reale sull'indagine in corso.

L'Agenzia Investigativa Lost ha un solo scopo: ritrovare la Vostra persona scomparsa con efficienza e professionalità.

Segue l'indirizzo, il numero di telefono e la mail. Quando finisco di leggere benedico il fatto che la nonna sia così lenta a sfogliare il giornale. Inutile dire che ritmo abbia preso il mio cuore: ho l'impressione che si senta persino all'esterno e che, se entrassi adesso in teatro, tutti penserebbero che sto suonando il tamburo anche se ho le mani in tasca.

«Nonna, scusa, ma adesso è meglio andare» le dico dieci minuti dopo. La nonna mangia molto piano per via dei denti, o meglio, dei non denti. Non che sia tardi, io però non riesco più a stare seduto.

«Mi fai almeno finire la brioche?», solleva lo sguardo dal giornale.

«Finita!» le dico, prendendo dal piattino quello che resta del cornetto e ficcandomelo tutto in bocca.

* * *

Giamma mi corre incontro e mi dice che oggi Antonio forse non viene a scuola.

«Perché?»

«Non ci crederai mai!»

«Credere a cosa?» Marika arriva sempre a rompere le scatole.

«A niente. Vattene.» Giamma le dà una spinta e quella finisce culo a terra.

«Non esagerare» gli sussurro nell'orecchio, «se va dalla maestra sai che casino?»

«Ok, puoi stare. Ma se dici a qualcuno quello che stai per sentire sei morta!»

Lei fa spallucce e si spazzola le chiappe dalla polvere: «Non sono una spiona, che ti credi?».

Giamma la ignora e si rivolge a me: «Ho sentito il padre di Antonio parlare col mio, ieri sera: non hai idea di quant'era incazzato...», il padre di Giamma e quello di Antonio sono migliori amici e fanno tutte le cose insieme, anche le vacanze e il Capodanno.

«Sabato pomeriggio, quelli di un negozio di vestiti di Alessandria gli hanno fatto una telefonata strana in cui lo pregavano di correre lì con trecentoquaranta euro e di fare il più velocemente possibile.»

«Vai avanti» lo imploro. Sto morendo dalla curiosità.

Giamma mi dice che il padre di Antonio è andato alla boutique e ha trovato il figlio seduto su un divanetto, tutto contrito e tremolante. Teneva gli occhi bassi su un barattolino vuoto di plastica trasparente.

Una piccola folla di curiosi aspettava il botto fingendo di guardare i vestiti.

La commessa si è avvicinata.

«Che è successo?» Il papà di Antonio, sapendo com'è fatto suo figlio, era già un fascio di nervi prima di sapere la verità, figuriamoci dopo!

«Venga con me» ha detto la commessa. E lo ha portato sul retro. Poi gli ha mostrato una giacca parecchio costosa: «Vuole controllare dentro le tasche, prego?».

Il padre di Antonio ci ha messo dentro una mano e, a quanto pare, è quasi morto: uno stronzo di svariati centimetri giaceva sul fondo della tasca destra.

«Suo figlio ha chiesto di provare questo capo e ci ha infilato un ricordino. Sfortunatamente per lui, un altro cliente ha provato la giacca immediatamente dopo e non l'ha presa bene.»

Giamma ha sentito suo padre dire che fosse capitato a lui avrebbe voluto morire. Il papà di Antonio invece ha detto alla commessa che solo un'idiota fa provare una giacca così costosa a un ragazzino, poi ha pagato e, dopo aver obbligato il figlio a prendere lo stronzo a mani nude e infilarlo nella scatolina trasparente prima di gettarlo via, lo ha caricato di tante di quelle mazzate che presumibilmente oggi non sarà in condizioni di farsi vedere in giro. Invece, proprio mentre io e Marika siamo piegati in due dalle risate, quello arriva sì, e fischiettando, come se nulla fosse.

* * *

Alessia, a detta di chiunque, è una delle più belle bambine della classe. È la preferita di quasi tutti i maschi, delle maestre e, da come si atteggia, del mondo intero. Anzi, dell'universo, incluso il firmamento. È una stella! Infatti è stata chiesta in prestito dall'altra classe per fare Bradamante nella recita.

Bradamante è l'eroina del *Cavaliere inesistente*. È bravissima nel combattimento e contesa da tutto l'esercito e a sua volta innamorata, invece, dell'unico uomo che non la contraccambia È talmente viziata che desidera più di tutto quello che non riesce a ottenere, ossia Agilulfo. Non riuscirà però mai a conquistarlo, così alla fine si accontenta di Rambaldo.

Questo ruolo ad Alessia deve aver dato alla testa perché la scorsa settimana ha detto a Marika che vorrebbe fidanzarsi con me. Peggio per lei: io non sono né sarò mai interessato a nessuna ragazza che non sia Azzurra. Mai nella vita. Lo giuro. Soprattutto non mi piacerà mai Alessia, che non aiuta nessuno a fare i compiti a parte Marika, che le sta dietro tenendole lo strascico di ammiratori alto e ben presente come una damigella il vestito della sposa.

Antonio e Giamma sono seduti ai lati del palco a gambe incrociate e parlano fitto fitto di quello che è successo sabato.

Io oggi sono un po' assente, invece. Tengo ancora la mano nella tasca dove nascondo il mio piccolo tesoro. Non è stato facile rubare la pagina con la pubblicità dell'agenzia di investigazioni senza farmi beccare dalla nonna.

La maestra Carla batte le mani e dice che tra un attimo si comincia: «Ci siamo tutti?».

Noi urliamo: «Sììì!» ma lei fa lo stesso l'appello, che dura un sacco perché in tutto arriviamo a essere una settantina.

«Perfetto. Allora iniziamo!» Prima tocca all'altra quinta, per fortuna. Noi però possiamo stare a guardare. Siccome il maestro di musica è in ritardo, non ci costringono a suonare. Meglio così.

Maurilio è assente. Nessuno se ne accorge perché sta sempre talmente zitto che non ha fatto molte amicizie, però io sono sempre stato un buon osservatore e poi a me è simpatico.

Giamma mi passa un bigliettino: "Vuoi metterti con me?".

Penso che è diventato scemo, ma Giamma mi dice di farmi furbo io, che devo portare il biglietto ad Alessia da parte di Antonio. Si vede che ad Antonio non scoccia fare il Rambaldo della situazione.

«Perché non glielo dai tu?» Capisco che non voglia consegnarlo il diretto interessato, ma perché proprio io?

«E dài...» mi implora, «per favore!»

«Che palle!» Alzo gli occhi al cielo: «E va bene. All'intervallo lo porto a Marika e le dico di darlo ad Alessia», mi metto in tasca il bigliettino piegato in quattro.

Dall'altra parte del palcoscenico, le femmine ci fissano e ridono come sceme.

Gurdulù si muove su e giù in modo molto convincente visto che Leonardo Carosso, quello che lo interpreta, è mezzo ritardato anche lui.

Gurdulù è l'alter ego del cavaliere inesistente. Un alter ego è un lato di qualcuno molto diverso da quella persona ma parte di lei. Non ho ben capito, fatto sta che Gurdulù non sa di esserci, tanto è vero che spesso arriva a credere di essere ciò che sta vedendo in quell'istante. I suoi movimenti ricordano quelli di un animale, e così il suo comportamento e i suoi abiti. È un po' scemo però non del tutto perché è molto più profondo e generoso di Agilulfo e di Rambaldo nell'episodio della tumulazione dei cadaveri dei morti in battaglia, anche se Gurdulù può confondersi e seppellirsi al posto del morto.

* * *

Quando, dopo cinque interminabili ore, la mattinata è finita, io ho finalmente potuto fare la sola cosa che ho avuto in testa per tutto il tempo delle prove e dopo: pranzare di corsa e scapicollarmi dalla sola persona al mondo capace di capirmi al volo.

Azzurra fissa imbambolata il foglio che ho strappato dal "Monferrato". «Che cosa intendi farci?» mi sventola sotto il naso il pezzo di giornale.

«Voglio andare all'agenzia investigativa, che altro se no?»

«E secondo te quelli daranno retta a un ragazzino di dieci anni?»

«Certo. Ho più di centotrenta euro da parte. Se paghi, compri tutto quello che vuoi tranne gli alcolici nei bar!» esclamo soddisfatto.

«E se non lo trovano?»

«Allora mi faccio ridare i soldi!»

«E se lo trovano e lui non ti vuole vedere?»

Mi domando e dico: se lei avesse bisogno del mio sostegno io non farei tutte queste storie! Forse fa così perché questa è la sola cosa al mondo che non può capire. Lei un padre ce l'ha e una mamma l'ha avuta. Era anche una brava mamma che le faceva i codini e spessissimo la abbracciava, anche davanti a me. Credo che le manchi tanto, però è una situazione diversa: personalmente la giudico migliore. Almeno lei piange qualcuno che meritava il suo affetto. Io invece non ho assolutamente idea di cosa dovrei provare.

«Si può sapere perché ti comporti in questo modo?» le chiedo.

«Non lo so. Forse perché credo che se tuo padre volesse sapere di te, ti cercherebbe lui. Stai per spendere i risparmi di un anno per conoscere un papà che non ti ha mai voluto. Non mi pare una buona cosa, ecco!»

«Cosa ne sai che non mi ha mai voluto?» borbotto offeso per quella semplice considerazione di fatto.

«Lo so perché se tu riesci a trovare lui allora lui potrebbe trovare te, e se non fosse possibile allora tanto varrebbe tenersi i soldi e mettersi il cuore in pace.» Ha ragione. Però stavolta voglio fare lo stesso a modo mio.

«Comunque io ci vado. Se mi accompagni a Vercelli, bene. Altrimenti faccio da solo!»

«No. Io non ci vengo!», si alza zoppicando leggermente.

«Che hai? Uno spasmo?», tutte le volte che succede mi spavento a morte.

«Datti una calmata, sembri mio padre!» risponde lei sbattendo la scarpa a terra. «Mi si è solo addormentato un piede, fifone che non sei altro!» Poi mi guarda negli occhi e mi chiede seria: «Hai già un piano?».

Siccome non ce l'ho, mi aiuta lei: tra sei giorni a partire da oggi mia madre accompagnerà la nonna a Torino per tumulare il povero Terenzio.

Quel giorno io dirò loro che sono da Azzurra e, contemporaneamente, lei farà credere a suo padre di essere stata invitata a pranzo da noi. Siccome la domenica Leonora è sempre da Gabriele, non dovremmo avere problemi a mettere sottosopra tutte le stanze prima che tornino.

So che non è una bella azione e che questo piano prevede l'uso di qualche bugia. È pur vero che – come dice sempre la nonna quando mi rifiuto di ammettere che io ho torto e lei ragione – troppa rigidezza non è sintomo di intelligenza ma di stupidità.

Inoltre, Azzurra non sbaglia a sostenere che non ha senso presentarsi all'agenzia di investigazioni senza nemmeno uno straccio di indizio a cui attaccarsi per ritrovare una persona.

Secondo lei anche una piccola traccia andrà bene, perché quelli sono segugi professionisti. Del resto, pure al miglior cane da tartufi è necessario far fiutare la preda se si desidera che faccia il suo lavoro e cominci a scavare nei punti giusti.

«Dobbiamo solo mantenere la calma e procedere con la disinvoltura di chi sa il fatto suo.» È questa l'ultima cosa che ci siamo detti io e la mia amica. In realtà l'ultimissima cosa che ci siamo detti è stata «Ciao, a domani», ma quella non conta ai fini dell'operazione "recupero padre", come l'abbiamo chiamata.

Sulla via del ritorno ho ripassato mentalmente gli avvenimenti degli ultimi giorni. Mi sono anche domandato se non fosse il caso di attenermi alla richiesta della nonna di lasciar stare la mamma perché poi sarebbe stata lei stessa a rivelarmi quello che desidero sapere. Però mi sono risposto di no, anche perché il mio piano non infrange nessuna promessa.

Ho detto che non avrei più insistito su questo tasto con mamma, non che non me ne sarei occupato per conto mio, quindi si procede.

Sotto casa becco Carlo rientrare nel cortile con la sua auto.

Nonna non risponde perché a quest'ora spegne gli auricolari e guarda "Chi vuol esser milionario", anche se lei evidentemente non vuole esserlo, visto che si rifiuta di spedire la cartolina di partecipazione al programma pur conoscendo tutte le risposte. È convinta che sia tutto truccato e, anche qualora così non fosse, qualcuno le ha raccontato che i soldi si vincono in buoni spesa, benzina e gettoni d'oro. Cosa se ne farebbe di un milione in buoni benzina dal momento che non guida nemmeno la macchina? Quindi si limita a rispondere da casa e si accontenta di essere ancora piuttosto veloce, nonostante l'età.

Se è concentrata, anche con gli auricolari accesi non sente lo stesso: per fortuna ho incontrato il signor Carlo, così posso farmi aprire il portoncino da lui.

Quando lo vedo vorrei corrergli incontro, ma non oso farlo prima che finisca il suo solito rito di portiere aperte, chiuse, contate, di serrande alzate, finestre illuminate e chi più ne ha più ne metta.

Tutti quei riti, quei gesti sincopati da direttore d'orchestra mi fanno pensare alla fiaba di non so più bene che volpe, la quale sale sul tetto di una casina di ferro per papparsi l'ochina che ci abita e ripete ogni volta:

Monto sul tetto,
faccio un balletto,
ballo il trescone,
butto giù casa e casone!

L'ochina, dispettosa, lo sfida:

Monta sul tetto,
facci un balletto,
balla il trescone,
non butti giù né casa né casone!

Quella allora si dimena, balla, soffia, ma il tetto resta sempre al suo posto fino alla fine della storia, quando la volpe finisce strozzata.

Carlo è uguale: sbuffa, soffia, conta, strizza, rotea, batte le mani e sbatte il capo. Ma intorno il mondo resta uguale a se stesso, incluso lui che, in cambio di tutto quel lavorio, la sola cosa che ottiene è un gran mal di testa e milioni di prese in giro.

Appena Carlo ha finito i suoi rituali magici e l'auto ha finalmente trovato pace, sigillata nel garage, decido di avvicinarmi.

«Buonasera», conto fino a due e mezzo in attesa della sua risposta.

«Oh, ciao Gauss. Non ti avevo visto», mi molla una pacca sulla spalla.

«Posso entrare con lei? Nonna deve avere gli auricolari spenti perché non sente il citofono» spiego.

Apre il portoncino interno al cortile e mi fa passare per primo, come fa il mostro con Giovannin senza paura.

«Grazie mille.» Uno, due... due e mezzo...

«Non c'è di che», sale in ascensore. Io preferisco andare a piedi.

Quando arrivo davanti alla porta capisco immediatamente che i rumori che sento non provengono dalla televisione. Sono voci di gente che litiga.

Voci che si accavallano tanto da coprire anche il suono del citofono, evidentemente. Invece di scampanellare mi siedo sullo zerbino e ascolto.

Sento Gabriele che strilla qualcosa tipo: «Non puoi fare sempre tutto di testa tua. È anche di mio figlio che vuoi disfarti, accidenti!».

«Ma si dà il caso che non è della tua di pancia che stiamo parlando!» ribatte mia sorella.

«Basta, ho detto!» la nonna interviene per placare gli animi, ma non ci riesce. «State dando spettacolo!» insiste. Per mia nonna dare spettacolo significa esporre all'orecchio altrui i fatti propri. Che si tratti di uno scandalo o della lista della spesa, fa lo stesso. Il suo concetto di famiglia è qualcosa di blindato dall'interno che nessuno dovrà mai penetrare in alcun modo.

Ma Gabriele e Leonora non la ascoltano e continuano a dirsene di tutti i colori. Arriva mia madre dal lavoro, mi trova sullo zerbino e vuol sapere che succede.

«Stanno litigando.»

«E tu che fai sul pianerottolo?»

«Ho scordato le chiavi.»

«Bene. Vieni.» Mi tira su per il braccio e, quasi contemporaneamente, infila la chiave lunga nella toppa.

Quando ci vedono si tacitano tutti all'istante, nonna compresa. Mia madre è una persona incredibile da questo punto di vista: potrebbe organizzare un plotone di indisciplinati schioccando le dita e inarcando il sopracciglio destro come la crudele strega dei venti. Solo quello. Il sinistro resta al suo posto. Impeccabile e immobile come lei.

«Io mi domando e dico: voi due dovreste essere genitori tra poco?! Vi siete visti? Nemmeno all'asilo si strilla così.» Non aspetta risposta: «Chiedete immediatamente scusa a mia madre. Volete farle venire un infarto, incoscienti?».

«Ma...» tenta di ribattere Leonora.

«Immediatamente!» scandisce mamma, tenendomi ancora stretta la mano.

Gabriele si scusa per primo abbassando lo sguardo. Leonora lo segue di malavoglia.

«Perfetto. Adesso facciamo un bel discorso.»

Poi si rivolge a me: «E tu fila in camera tua».

«No!», adesso basta. «Voglio sapere cosa succede» incrocio le braccia sul petto, «faccio parte anche io di questa famiglia!»

Sono irremovibile.

Mia madre ha dipinta in faccia la tipica espressione di quando si sente in difficoltà. «Va bene, Gauss. Parliamo di quello che succede» fa un gran sospiro.

«Parlate voi», mia sorella scatta in piedi. «Io sono stufa marcia di sentirvi: me ne vado in camera.»

Gabriele prova a trattenerla, ma alla fine cede e dice che ci vediamo domani, tanto è inutile insistere. Così alla fine resto solo io. Sai che soddisfazione!

Girandoci intorno mille volte, mamma dice che Gabriele e Leonora si vogliono tanto bene e che qualche volta quando ci si vuole così bene ci si danno dei baci e tutto il resto. Può succedere, come nel loro caso, che una cosa tiri l'altra e siccome a quell'età si è consapevoli, di solito si prendono delle misure di sicurezza per non restare incinte. Una volta a mia sorella è successo che la farmacia fosse chiusa e restasse senza precauzioni.

«Sì sì, così adesso Leonora ha un bambino nella pancia. Questo lo so!»

«Non è ancora un bambino» specifica mia madre. «Più che altro è un seme», sembra davvero triste.

«Non è una bella cosa?», sono confuso.

«È una bella cosa se vuoi un bambino. Non è il massimo se invece non lo vuoi.»

«Stai dicendo che Leonora non lo voleva?»

«Forse no.»

«Se è così perché non ha aspettato che aprisse la farmacia?»

«Questo vorrei tanto saperlo anch'io!» salta su mia nonna.

«Perché sono stati stupidi, va bene?», mamma le lancia un'occhiataccia.

«Comunque» continua, «in Italia esiste la possibilità di togliere il semino dalla pancia di Leonora prima che diventi un bambino.»

«Come se nonna togliesse il nocciolo della ciliegia che ha piantato nel vaso prima che germogli?» chiedo.

«Esattamente», per un attimo sembra soddisfatta. Ma dura poco.

«Perché mai dovrebbe fare una cosa del genere? Una piantina è molto più bella di un nocciolo. I noccioli seccano se non li ripianti in terra. E poi muoiono» le spiego.

Nonna guarda mia madre con l'aria di chi pensa: "Voglio proprio vedere come te la cavi" e io realizzo l'orrore di quello che mi sta dicendo mamma.

«Vuoi far seccare il mio nipotino?» All'improvviso capisco dove vuole andare a parare: «Ma è orribile! Peggio ancora dell'aborto!» urlo fortissimo. Poi corro in camera di Leonora prima che riescano a fermarmi e spalanco la porta di scatto. Sta parlando al telefono. Ha l'aria sofferta di una morticina, ma non mi faccio incantare.

«Tu non farai fuori il semino, capito?» le strillo in faccia.

«Sei cretino?! Chiudi subito la porta», con una mano tappa la cornetta e con l'altra mi fa un gestaccio.

«Tu sei cretina, non io!» la sfido. «Non puoi restare incinta e disincintarti come se niente fosse...» ci penso un attimo, «brutta, egoista e cattiva!» le urlo mentre mamma mi trascina via per un braccio. «E tu lasciami» strillo anche a lei, «se ragioni come tua figlia, allora perché a noi due ci hai tenuti?»

Mia madre mi molla il braccio di colpo, come se avesse preso la scossa. Leonora lascia cadere il telefono per terra e la nonna, dietro di noi, emette un gemito di dolorosa approvazione.

«Ti prego Leonora», corro sul letto e le abbraccio la pancia, «teniamocelo! Teniamoci il seme del nipotino per favore!»

* * *

Quando ero piccolo, e con piccolo intendo fino a quando avevo quattro o cinque anni, mia sorella era la persona al mondo a cui tenevo di più.

Pensavo che l'avrei sposata e che saremmo stati sempre insieme. Tutta la vita. Mi addormentavo accarezzandole i capelli, morbidi come il pelo di un gatto soriano, o tormentandole i lobi delle orecchie. Ho pronunciato il suo nome prima di quello di mamma e di chiunque altro (più o meno, infatti dicevo "Lola"). La mia prima parola pronunciata correttamente è stata "cacca".

Leonora passava moltissimo tempo seduta sul tappeto a giocare con me ed è stata lei a insegnarmi a camminare e ad andare in bicicletta senza le rotelle. Una volta si è presa le botte per difendermi. Ha dato uno spintone alla mamma che voleva sculacciarmi e quel gesto le era costato uno scapaccione mica da ridere!

Poi le è presa una malattia che nonna Olimpia chiama "adolescenza" e niente è più stato lo stesso. Persino il suo abbigliamento: è diventato corto e scuro.

Ciglia e capelli hanno cambiato colore e sembrava che avermi intorno le desse fastidio. Mamma ci ha messi a dormire in stanze separate e all'inizio era davvero un incubo per me, che avevo paura di ogni ombra e di ogni rumore.

Qualche volta cercavo di infilarmi sotto le coperte con lei, in ricordo dei bei tempi andati, ma venivo regolarmente respinto. Ho passato mesi a piangere e a chiedere se esistesse un medico in grado di guarirla, ma mi sentivo ripetere in continuazione la stessa cosa e cioè che ci avrebbe pensato il tempo. Falso! Con il tempo Leonora, se è possibile, è peggiorata.

Prima di arrivare a detestarla, prima di voler trovare mio padre a tutti i costi, prima e più di qualsiasi cosa ho desiderato che Leonora tornasse quella che era. Invece niente. Ho dovuto farmene una ragione, come per tante altre cose.

Io sono abituato alle delusioni: dalla bicicletta che sognavo rosso Ferrari e mi è arrivata giallo canarino, alla maglietta di Francesco Totti al posto di quella di Gigi Buffon, alle macchinine telecomandate per cui ho pestato i piedi al mercato fino quasi a farmeli sanguinare (invano, chiaramente, perché l'unica pista che ho ricevuto in quell'occasione è quella che mi ha fatto mamma appena arrivati a casa e se ci penso sento ancora male alle chiappe!).

Ma questa volta è diverso: preferirei mi strappassero gli occhi dalla testa piuttosto che rinunciare al nipotino.

> Sto bene, sto bene... sto per morire!
> L'ERA GLACIALE

Quando arrivo a scuola sono ancora parecchio triste per la faccenda del nipote che non so mica se sono riuscito a salvare. Come se non bastasse, mia madre mi ha comunicato che stasera io, lei e il lemure andiamo a mangiare la pizza.

«Perché?» Non ci era mai successo di uscire con quello.

«In questi giorni la nonna non se la sente di avere gente in casa.»

«Nemmeno io me la sento», ho incrociato le braccia sul petto cioè a dire che facevo sul serio. «Perché non gli dici di starsene a casa sua?»

Mamma scuote la testa.

«Allora perché non ci vai da sola, se ci tieni tanto?»

Ha alzato gli occhi al cielo: «Per favore Gauss, non ti ci mettere anche tu».

Ecco: questo per lei significa dare delle risposte. Si vede che non ha studiato nemmeno i fondamentali, se no saprebbe quello che io ho imparato già in seconda elementare: una domanda la riconosci dalla parola "perché" a inizio frase e dal punto interrogativo al fondo. E la regola vuole che tu risponda con lo stesso "perché" a inizio frase ma col punto esclamativo alla fine. Per esempio: «Perché, Marika, sei stravaccata da un lato del banco, con una faccia da funerale?»

«Perché sono molto triste!»

Ecco: questa è una risposta! Una risposta che attira altre domande, ma sempre una risposta è.

Siccome, a parte la mia mamma, tutti quelli che incontro le domande le riconoscono, le faccio anche in modo più evoluto e senza mettere il "perché" a capo frase: «Come mai sei triste?».

Oggi, tanto per variare un po' sulle schifezze, Marika non ha le caccole al naso ma le cispe negli occhi. Come i gatti randagi.

«Niente, lasciami stare.»

«Ok.» Sai che me ne frega...

«Se proprio vuoi te lo dico. Tra un mese mio padre torna a casa. Ecco!» Quasi si mette a piangere.

Ho sentito Dana parlare con la nonna e dirle che quel tipo entra ed esce di galera più di un secondino: due volte per furto, una per rapina a mano armata (cioè a dire con la pistola) e una per lesioni aggravate.

Se ho capito bene le lesioni erano aggravate dal fatto che ha picchiato sua madre perché non voleva tenergli in casa "della roba". Di che roba si trattasse non saprei, però Marika ha detto che la casa di sua nonna è veramente molto piccola e a malapena ci stanno le sue cose, perciò di sicuro nel suo rifiuto non c'era niente di personale. Ora io dico: se manca lo spazio, non è mica per cattiva volontà se non gli ha tenuto quelle cose. Che c'entra, picchiarla?

«Se è solo questo il problema, non mi preoccuperei» la rassicuro, «dubito resterà libero a lungo.»

«Dici?» Quel pensiero sembra sollevarla.

«Dico, dico...» concedo. «Se tanto mi dà tanto tornerà quasi subito dietro le sbarre!»

«Speriamo.» Per un secondo riflette in silenzio, poi ricomincia: «Ho sentito dire dall'avvocato che papà venderebbe sua madre pur di fare soldi. È una cosa brutta, non trovi?».

«Brutta è brutta, però non tanto importante.»

«Come fai a dire una cosa simile?»

«Quanti anni ha tua nonna?»

«Settantatré.»

«E chi vuoi che se la compri, scusa?»

Mi fa un sorrisone. Ha capito che è una battuta, il che è quasi un miracolo perché lei non è il tipo di persona che abbia il senso dell'umorismo molto sviluppato.

«Gauss?»
«Che vuoi?»
«Grazie!»
«Non c'è di che», però preferirei la smettesse di abbracciarmi.

***

Oggi la maestra interroga su Novara e non ho studiato abbastanza perché Novara è noiosa. Va bene, non sto più studiando tanto in generale ma ho troppe cose per la testa, al momento. Cose più importanti persino della geografia. Per questo, quando viene fatto il mio nome, mi raggelo e vado alla cattedra con l'atteggiamento di un condannato alla sedia elettrica. Inciampo persino su una cartella e tutti quanti ridono. Tranne me, chiaramente.

«Novara è la seconda città del Piemonte per importanza economica» inizio. Non mi ricordo più chi sia la prima (forse Torino, ma forse no perché Torino è già il capoluogo).

«Questa provincia è infatti molto attiva, il che vuol dire che lì non esiste la disoccupazione. Novara si trova nell'umida pianura tra i fiumi Sesia e Ticino. È molto più vicina a Milano che a Torino ed è un peccato perché Torino è molto più bella e io lo so perché ci sono vissuto. È un centro industriale, agricolo e commerciale di buon livello: sono importanti le industrie alimentari come la Pavesi, ma c'è anche una casa editrice famosa che si chiama Istituto Geografico De Agostini.»

«Va bene, Gauss, vai avanti», la maestra sembra poco convinta.

«Ho finito.»

«Tutto qui?» Che è delusa, si vede.

«Tutto qui, sì.»

C'è poco altro da dire su Novara perché, a parte il vicino outlet di Vicolungo, non ha proprio niente di speciale. Così torno al posto.

La maestra scuote la testa e mi consegna il diario dove ha scritto "scarso" con la penna rossa sotto "interrogazione di geografia su Novara" e spiega la lezione sulle montagne piemontesi.

Tra una settimana ci porterà a visitare la sinagoga (che è tipo la chiesa degli ebrei) e ci spiegherà un sacco di cose interessanti. Almeno, così dice.

In realtà lei non è mai molto interessante. Anche quando parla di cose che normalmente lo sarebbero è noiosa. Come se nella voce avesse una nota sola invece di sette e il volume basso di una vecchia radio che si è rotta. Così mentre spiega questo e quell'altro pochissimi compagni la ascoltano davvero. Per lo più ci si chiudono gli occhi oppure cominciamo a scambiarci bigliettini.

Giamma, per esempio, proprio in questo momento sta facendo delle palline di gommapane e se le infila nel naso per vedere quante ce ne stanno. Tutta la terza fila se ne accorge e lo guarda come se fossimo allo "Show dei record". Solo che Giamma il record lo perde. Diventa tutto viola in faccia e comincia a fare dei versi strani. Sarà pure noiosa, ma se la maestra Carla non avesse il sangue freddo di estrargli subito tutte le palline dal naso con la punta di un compasso, probabilmente Giamma sarebbe finito all'ospedale o anche peggio.

La cosa positiva della mattinata è che passa presto, soprattutto per me che ho ottenuto a suon di capricci di uscire un'ora prima. Non c'è nessun motivo particolare, più che altro è una questione di principio. Da quando mia sorella è incinta ottiene tutto quello che vuole e per amore di giustizia ho preteso la mia parte.

«Che cosa vuoi?» mi ha detto spazientita mamma dopo un po'.

Lì per lì, non sapendo cosa chiedere, ho puntato i piedi sulla prima idea che mi è venuta in mente.

«D'accordo Gauss» ha ceduto quasi subito. Atteggiamento molto sospetto perché, fosse per lei, mi manderebbe a lezione anche con la febbre. Ho capito dopo un secondo che lo ha fatto solo perché l'ultima ora oggi è quella di religione. Sai che sforzo!

Vorrei correre da Azzurra ma non ne vale la pena visto che tra un'ora si mangia. Ci andrò nel pomeriggio per mettere a punto il piano "recupero padre".

Evidentemente nonna Olimpia credeva che sarebbe stata da sola in casa fino all'una. Lo vedo dalla faccia che fa aprendomi la porta d'ingresso e lo sento dal suo alito. Ha ancora la Madonnina di Lourdes semivuota tra le mani. Non tenta neanche di nasconderla.

«Nonna, mettila via. Ti fa male.»

«Lasciami stare, Gauss, fammi il piacere», trascina i piedi in salotto e capisco al volo che ha già bevuto abbastanza da non riuscire a essere gentile se non ne ha voglia.

Sul divano sono sparsi dei vecchi articoli di giornale e qualche disco impolverato di musica classica.

«Stai bene?» Sono preoccupato per lei. Sembra una bambina piccola. Mi viene l'istinto di proteggerla, ma non so come.

Non risponde alla mia domanda: probabilmente ha già spento gli auricolari.

Muove le dita come se potesse suonare una tastiera inesistente. Lo fa a occhi chiusi, le ciglia grigie e sottili come peli di gatto appoggiate sulle guance. Mi pare quasi di sentirla, perciò comincio a ballarle vicino. Quando avverte lo spostamento d'aria, mi prende tra le braccia in un movimento che sembra danzarci intorno, dentro, di lato. Noi non siamo noi. Siamo leggeri, giovani e vecchi insieme. È una cosa incredibile quello che può inventare mia nonna con una manciata di silenzio e un sorso di qualcosa di forte.

«Non morirai mai, vero?» le chiedo di botto sentendomi improvvisamente terrorizzato all'idea.

«Certo che morirò», mi guarda con una dolcezza che fa quasi più male di uno schiaffo. «Morirai anche tu. E la mamma. E Leonora», da come lo dice sembra non sia una cosa brutta. «Moriamo tutti. Cominciamo a farlo il giorno in cui nasciamo.»

Mi vengono le lacrime agli occhi.

«No, no. Non piangere» mi culla, «sapere che non è per sempre serve a viversi la vita fino in fondo, senza gingillarsi con stupidaggini inutili», poi mi guarda meglio. La musica cessa, la tastiera svanisce e lei torna quella di sempre.

«Cosa diavolo fai a casa?» mi chiede, lasciando la presa di colpo.

* * *

Appena arrivo a casa di Azzurra capisco che qualcosa non va. Giorgio stranamente non è al lavoro anche se non è il suo giorno di riposo e viene ad aprirmi con l'espressione di uno che ha appena visto un fantasma. Sembra esausto quando si scusa per non avermi chiamato.

«Non ricordavo che saresti venuto, Gauss» si giustifica. Ha addosso una camicia a quadrettoni neri e rossi da boscaiolo e un paio di jeans consumati. Non si è fatto nemmeno la barba, di solito molto curata.

«Non stai bene?» gli chiedo, preoccupandomi che abbia l'influenza e la possa attaccare alla figlia. Se si ammala anche lei, domenica che faccio?

«No, no. Io sto bene.»

Come lo dice sento le gambe di gelatina: «E Azzurra? Anche lei sta bene, vero?».

Giorgio non risponde subito: «Gauss, puoi dire alla mamma che la chiamo più tardi? So che mi ha cercato...».

«Sì sì, ok. Ma Azzurra...»

«Magari vi vedete domani, d'accordo?» Non mi fa nemmeno entrare.

Non sono d'accordo, no.

«Che cos'ha?», adesso tremo.

Giorgio si piega sulle ginocchia: «Non lo so, Gauss. C'è sopra il medico. Devo andare», mi fa un buffetto sulla guancia lasciandomi fuori dalla porta.

«Aspetta!» dico praticamente all'uscio chiuso: «È caduta? Si è fatta male?» Sento gli occhi che pungono.

Resto paralizzato per un tempo infinito, poi corro in studio dalla mamma.

So bene che non vuole essere disturbata al lavoro, se non per le emergenze assolute, ma i venti minuti passati a tremare davanti a una porta chiusa mi sono serviti a valutare che questa un'emergenza lo è di certo. Così giro le spalle e mi fiondo da lei correndo come un pazzo, senza fermarmi un attimo.

Da come mi vede entrare, paonazzo e senza fiato, mia madre si allarma: «È successo qualcosa alla nonna?».

Faccio di no con la testa. Ho finito l'ossigeno e non riesco nemmeno a parlare.

«Tua sorella sta bene?»

«Sì. Credo di sì» esalo. Poi mi metto a piangere fortissimo: «Ho paura che sia successo qualcosa di orribile ad Azzurra, mamma. Devi chiamare Giorgio. Ti supplico: chiamalo subito!».

Mi accorgo improvvisamente che, a due metri da me, nella sala d'attesa ci sono quattro persone che hanno smesso di leggere le riviste e fissano la scena incuriosite. Mi aspetto che mamma si arrabbi, invece mi prende il viso tra le mani e dice dolcemente: «Su, su, coraggio. Adesso calmati. Vedrai che non è niente». Mi porge un fazzolettino di carta, con una carezza: «Sai il numero a memoria?», però trema mentre afferra il cordless blu sul bancone.

Le detto il numero di telefono e aspetto col fiato sospeso.

«Pronto, Giorgio, sono Matilde» fa una piccola pausa. «Sì, è qui con me. Mi sembra sconvolto. Cosa è successo?» La seconda pausa è parecchio più lunga. Mia madre fa solo «Mmmh... mmmh... mmmh».

Le osservo il viso cercando di decifrare le espressioni che lo attraversano. Non sorride nemmeno per un istante, questo non è un buon segno perché lei non si farebbe mai vedere dalle pazienti con la stessa aria triste che ha a casa.

«Che cosa ha detto il medico?», ancora zitta per tre o quattro minuti. Aggrotta la fronte. Una signora si avvicina a me e mi offre una caramella. Vorrei domandarle se le pare il momento di offrire caramelle alla gente, ma per levarmela dai piedi la prendo e me la ficco in bocca. È al rabarbaro: bleah! Poi, finalmente, mamma mette giù il telefono e sembra turbata anche lei.

«Allora?» le chiedo senza darle il tempo di pensare a una bugia per me.

«Non si sa la ragione, ma Azzurra non riesce a camminare da stamattina.»

«È caduta?»

«No, Gauss. Non è caduta», mi accarezza e si guarda intorno come a cercare aiuto tra i pazienti che sono tornati a leggere i loro giornali.

La carta da parati a fiorellini celesti sembra più quella di una camera da letto che non quella di uno studio medico. È pazzesco come, nei momenti più disperati, uno pensi a cose simili. Sono irrilevanti eppure ci pensi. Così, mentre mamma mi sta spiegando che Azzurra non è neppure riuscita a sollevarsi dal letto, io esco dal mio corpo e vago per lo studio.

Noto le sedie di plastica colorata, i diplomi appesi alle pareti con il nome del lemure. Chi lo sa? Se non avesse dovuto fare la mamma così presto, sulle pareti dello studio ora ci sarebbe anche qualcosa con il suo nome.

Guardo oltre il cestino con i lecca-lecca alla camomilla per i bambini più piccoli che si sono fatti mettere l'apparecchio senza fare storie. Mamma li ha presi in farmacia. Lo so perché li compra pure a me, anche se non ho l'apparecchio.

Guardo lo schermo del computer e mi sento commosso nel vedere che c'è una foto di me e Leonora al mare. È stata scattata qualche anno fa ad Alassio, dove andavamo sempre.

«Gauss, tutto bene?»

«Sì. Azzurra non ha niente di grave, vero mamma?»

In quel momento da una porta bianca esce il lemure: accompagna una signora truccata che ride sguaiatamente. È uno strano contrasto ascoltare quell'oca starnazzante mentre io sono triste che più triste non si può.

«Che sorpresa!» dice il lemure quando mi vede. Poi si rivolge a mia madre: «Per favore, prendi un appuntamento alla signora Poggi per la prossima settimana?». Mi dà un buffetto. «Signor Buzzi?»

Un uomo in giacca e cravatta si alza e lo raggiunge.

«Si accomodi» e lo segue chiudendosi la porta bianca alle spalle senza preoccuparsi di altro.

Mia madre segna l'appuntamento per la vecchia e quella se ne va senza mai smettere di sorridere.

«Ascolta» si rivolge a me con il suo sguardo più dolce. Lo stesso che usava sempre quando da piccolo la raggiungevo nel lettone dopo qualche incubo. «Adesso vai a casa. Cerco di arrivare prima così vediamo di chiamare Azzurra e magari, se se la sente, ci tranquillizza per telefono. Intesi?»

«Sì...» Improvvisamente mi sento sgonfio come un palloncino bucato.

«Bravo tesoro mio», mi bacia sulla testa.
«Mamma?», siamo all'ingresso dello studio.
«Sì?»
«Stasera dobbiamo andare lo stesso a mangiare la pizza con quello lì?»
«Sì, amore. Ci andiamo comunque.»
Lo sapevo!
«Mamma?»
«Dimmi, Gauss.»
«Azzurra camminerà di nuovo, vero?»
«Certo!» risponde, un po' troppo in fretta per essere credibile.
«Entro domenica?»
Mentre torno a casa mi sento abbattuto come il pino marittimo che ho visto venir giù ad Alassio, per colpa di una burrasca.
Non mi ero accorto di quanto avessi corso per arrivare in studio dalla mamma. Normalmente per raggiungerlo ci vorrebbero almeno venti minuti di buon passo, perché dalla casa di Azzurra non è vicinissimo, anche se ora so che riesco a farlo di corsa nella metà del tempo.

* * *

La nonna ha ascoltato attentamente il racconto del mio pomeriggio e ha annuito per quasi tutto il tempo senza sforzarsi di dire qualche stupida frase consolatoria a tutti i costi. Mi ha versato mezzo bicchiere di latte e cacao e battuto una mano nodosa sulla spalla.
«Mi aiuti?»
«A fare che?»
«Devo compilare la rubrica del telefono nuova: se mi detti nomi e numeri da quella vecchia facciamo prima.»
«Ok.»
«Angilletta Marianna... 011/2415890» comincio, «Artusi Elvira... 011/2472191.»
«Mi passi la matita?»
«La penna non va bene?»

«Per l'Angilletta meglio usare la matita.»
«Perché?»
«Ha novantatré anni... mi sa che tra un po' dovrò cancellare il numero» sorride.
«Stai scherzando?»
«No. Questa rubrica costa dodici euro: non ho voglia di tirarci su dei segnacci a penna per cancellare un numero e nemmeno di comprarne una nuova ogni volta che muore qualcuno, se no alla mia età starei fresca!»
Mia nonna è incredibile! Se non fossi di così cattivo umore per via del lemure e di Azzurra mi farei una bella risata
Arrivano le otto e, con loro, il dentista maledetto a bordo del suo nuovo fuoristrada gigante. Forse crede di impressionarmi, ma a me le automobili nemmeno piacciono e poi questa più che un'auto pare un boiler.
Lui, invece, sembra una specie di manichino appena uscito dalla sarta.
«Ti piace?» e indica l'auto col palmo della mano aperta.
«No.» Salgo.
«Non iniziare» fa la mamma, tra i denti, rivolta a me.
Forse se sto zitto questa tortura finirà prima. Ma quello ricomincia: «Davvero Gauss, non ti piace questo gioiellino?» e accarezza il volante come se fosse la guancia di una ragazza. Che schifo!
«I gioielli sono per le femmine!» lo dico e quell'idiota ride, come se avessi scherzato. Poi attacca a parlare con mia madre di buste paga e di una certa signora Lipari che è svenuta due volte vedendo l'ago per l'anestesia e una quando gliel'hanno infilato in bocca. Stavolta verrebbe da ridere a me, ma non voglio dar loro la soddisfazione.
Quando arriviamo a Valenza (nemmeno a Casale non ci fossero le pizzerie) parcheggiamo davanti al municipio e cerchiamo il posto dove ha prenotato: una bettola immonda con le tovaglie di carta e le foto di Totò alle pareti. Totò, la nonna lo chiama "il principe Antonio de Curtis", non so perché. Mi sono sempre dimenticato di chiederglielo.
«Allora» comincia il lemure strofinandosi le mani, «che cosa prendete?»

«Il colera» mi scappa detto guardando un coltello unto sul tavolo dove ci siamo seduti.

«Il colera non si prende così. Al massimo la setticemia, ma puoi stare tranquillo: conosco bene il proprietario e posso assicurarti che è un tipo a posto», mi strizza l'occhio e poggia sul tavolo un pacchetto avvolto nella carta di un pi docchioso discount di periferia

«Ringrazia Livio» si affretta a raccomandare la mamma

«Grazie Livio.»

Ma il suo pacchetto glielo tirerei dietro. Tanto per cominciare – Coppo a parte – la libreria per ragazzi più supersonica di Casale (ma, oserei dire, del mondo) è quella di via Trevigi. Il signor Daniele è molto gentile e ha libri di tutti i tipi, anche a metà prezzo. A voler risparmiare andava benissimo anche il negozietto di Christian – il Cemetery Books – con i suoi volumi introvabili e tutti polverosi, ma pieni di fascino. Invece il lemure che fa? Prende e va nell'unico posto dove ho fatto voto di non mettere piede mai più perché se chiedi un libro al proprietario sembra che gli scocci dartelo! Inoltre, sono anni che non leggo più niente che cominci con "C'era una volta".

«Non ti piacciono le favole?», deve aver notato la mia faccia.

«Sì che mi piacciono. Ma queste non sono favole!»

«Come no?»

«Le favole hanno gli animali e una morale, come quelle di Esopo.» La morale della favola non gli dice niente? «Le fiabe sono tutte le altre: *Cenerentola, Biancaneve...* capito?»

«Gauss non legge le fiabe perché gli mettono tristezza» mi sorride la mamma, «però sono sicura che leggerà queste perché sono indiane e non cominciano come le nostre.»

Il lemure ha la faccia di un Barbapapà che ha assunto la forma di punto interrogativo.

«Cosa prendete?» ci interrompe, fortunatamente, un cameriere.

«Non abbiamo ancora deciso» dice il lemure

«Io sì. Una quattro stagioni e una Coca-Cola grande. Non Pepsi, però!»

Il cameriere prende l'ordinazione e resta cinque minuti in attesa delle altre due. Mamma legge la lista tipo dieci volte e poi ordina la solita margherita.

Il lemure prende una napoletana rinforzata mozzarella e una caraffa di vino bianco della casa.

«Allora, Gauss, come funziona?»

«Che cosa?»

«La faccenda delle fiabe. Perché non le leggi?»

«Perché parlano di gente morta.»

"C'era una volta Cappuccetto Rosso" che cosa potrà mai significare? Ve lo dico io: che quella volta l'ha scampata col lupo, ma che poi è morta comunque, infatti c'era una volta, adesso non più. E siccome io mi affeziono, non posso pensare che Cappuccetto sia diventata una vecchia rimbambita e sia morta nel bosco tutta sola per poi essere mangiata dai vermi. Il lupo almeno le avrebbe dato una fine più dignitosa! Ma che può capire il lemure? È così preso dal sezionare le acciughe che nemmeno mi ha sentito.

«Mmmh, mmmh, è un punto di vista molto interessante» commenta. Mi verrebbe voglia di interrogarlo per scoprire se sa quel che dice.

Il lemure mangia la pizza tagliando via subito la crosta, il che mi fa capire che non è tipo da affrontare i problemi di petto. Non è una stupidaggine: si capiscono moltissime cose osservando come si mangia la pizza. Io, per esempio, la taglio a fette e la mangio tutta, un pezzo alla volta. Mamma mangia prima il centro, nonna mangia solo il centro. E il lemure, potesse, credo mangerebbe solo la crosta. Io penso che la pizza sia come la vita: se la azzanni dal centro vuol dire che la prendi di petto. Se la prendi alla larga inizi dal bordo e se la tagli a fette sei uno che fa le cose in modo equilibrato. Come me.

«Certo» dice il lemure, «niente a che vedere con la cucina della nonna.»

Non capisco se intende che questa è meglio o peggio ma non mi va di indagare.

«Sei molto legato a tua nonna, eh piccolo?»

«Non mi piace che mi chiamino così.»

«Gauss, amore, è solo un modo di dire: Livio non voleva dire che sei basso», mamma interviene subito, nemmeno temesse una scenata.

«Non mi piace comunque.»

«D'accordo, scusa» sorride quello. «Anche io avevo una nonna fantastica che adoravo. Vuoi sentire una storia vera?»

«Va bene.»

«Ti piacciono i conigli, Gauss?»

«Da mangiare?»

«No, come animali.»

«Insomma... abbastanza.»

«Ecco: mia nonna ne aveva una dozzina di razza d'angora. Li teneva in una gabbia nel cortile e, quando era ora, metteva un enorme grembiule sulle gambe, mi chiamava vicino a sé e mi chiedeva di tenergli fermo in grembo un coniglio alla volta.»

«Se lo ammazzava non voglio saperlo!» salta su la mamma.

«Macché... lei con i conigli ci viveva.»

«Allora perché metteva il grembiule?» chiedo. Mi spiace ammetterlo ma è riuscito ad avere la mia attenzione.

«Per strappargli il pelo!»

«Che cosa?» sono scioccato.

«La lana d'angora è molto pregiata. Lo tenevo mentre lei, veloce come un'estetista esperta, strappava a ciocche il pelo candido dei suoi coniglietti e lo infilava in sacchi, pronta a consegnarli al Piero, un omino tutto nervi che pesava i sacchetti, pagava la nonna e si portava via la lana per filarla in splendidi maglioni!»

«Ma è disgustoso», mia madre per poco non rigetta la pizza.

«No: disgustoso era il coniglio dopo la"ceretta"» ride tutto da solo. È veramente una persona assurda, anche se la faccenda dei conigli mi pare abbastanza affascinante.

«Come sta la tua amica?»

«Azzurra, intende» specifica mamma, come se ce ne fosse bisogno.

«Avevo capito. Meglio, credo.» Prima di andare in pizzeria sono riuscito a parlarle per telefono e ha detto che era tutto passato e che se domani mi va di andare a trovarla sarebbe felice. Però aveva un tono strano, mentre lo diceva: come se non dormisse da giorni.

Mamma si profonde in spiegazioni tecniche su una cosa che si chiama encefalite post infettiva da varicella. Lo scrivo mentalmente sul quaderno, per non dimenticarlo e due minuti dopo aggiungo una notizia nuova che mamma scandisce lentamente: «Non si capiva che cosa fosse perché all'encefalite si è sovrapposto un problema neurologico legato allo stress post traumatico dovuto alla perdita di sua madre».

A quanto pare Giorgio ha spiegato che non è una passeggiata, ma nemmeno una cosa irrisolvibile. Meglio di niente anche se, pensandoci bene, "niente" sarebbe stato meglio di "encefalite post infettiva da varicella" peggiorata da un lutto.

«Per fortuna l'hanno presa in tempo», la mamma mastica una fetta di pizza (che è abbastanza buona), «ma avrebbero comunque dovuto arrivarci prima.»

«Ti prego, non cominciamo con i soliti discorsi sulla malasanità, per favore», il lemure sembra scocciato. Non capisco perché.

«Dico solo che non ha senso che passino sei mesi prima che a qualcuno venga il sospetto e richieda degli esami», mamma è un po' scocciata anche lei.

Il resto della serata fila abbastanza liscio finché, poco prima del dolce, non si tocca l'argomento Leonora.

«Può capitare. Affronteremo la cosa», mamma finisce di bere dal suo bicchiere a righe rosse.

«Certo che si cambia, nella vita!» Il lemure stringe gli occhi e batte la mano maculata sulla spalla della mamma. «Conoscevo una donna, un po' di tempo fa, che sosteneva non fosse accettabile che un uomo non sapesse evitare una gravidanza indesiderata», adesso sta sghignazzando.

«Non lo dica più! Per sua norma e regola la gravidanza di Leonora è molto desiderata, invece! Io, per esempio, non vedo l'ora.»

«Ma da dove esce questo qui?» Il lemure ha una faccia cattivissima anche se ridacchia.

«Dalla vagina, come tutti quanti», anche se non capisco perché l'abbia chiesto.

«Sì sì, certo», beve un altro sorso. «Dalla vagina di una ragazza molto carina» adesso canticchia. Per me è scemo!

«Possiamo cambiare argomento?», mia madre sembra davvero arrabbiata.

«Certo, ai suoi ordini, maestà», il lemure è proprio andato. Quando cerca di finire la caraffa (che si è scolato praticamente da solo), mamma lo ferma.

«Hai bevuto anche troppo, mi pare.»

«Ah sì?» biascica leggermente.

«Esatto», è così strana ora. «Dammi le chiavi, per favore.»

Per fortuna quello non fa storie e dice di nuovo: «Ai suoi ordini, maestà».

Lei paga il conto e finalmente torniamo a casa.

Non sforzarti tanto. Le cose accadono quando meno te lo aspetti.

Praticamente chiunque

Le due di notte. Questo pigiama lo detesto! Avrà almeno tre anni e mi ricorda tutte le sere che sono basso, e che non è necessario comprarne un altro perché, nonostante sia consumato e abbia sopra gli elefantini con il ciuccio in bocca, mi sta ancora a pennello.

Continuo a rigirarmi nel letto pensando ad Azzurra e alla paura che mi ha fatto prendere oggi. E vorrei essere ammalato io al suo posto anche per provare ad avere quello che ha lei, per una volta. Qualunque cosa sia.

Chissà se in questo momento sta guardando fuori dalla finestra come me oppure dorme beata, magari nel lettone con suo padre, che si sarà spaventato tantissimo pure lui.

Quando ero piccolo credevo che un "papà" fosse la persona che vive a casa con te, che ti coccola e ti racconta le favole di sera. Ero convinto che mio padre fosse nonna Olimpia finché, un giorno, un bambino mi ha detto che non era possibile perché i papà hanno la barba e il pisello. Nonna Olimpia la barba un po' ce l'ha sempre avuta ma il pisello non ne ero sicuro, così una volta ho provato a tirarle giù le mutande. Lei ha cacciato un urlo, poi ha tirato giù le mie e mi ha sculacciato lasciandomi il sedere rosso come quello di un babbuino.

Dopo quell'episodio, per mesi ho cercato invano di levarmi dalla testa le sue pudenda glabre, che vuol dire "senza neanche un pelo", e leggermente raggrinzite.

Mia madre la cosetta (che, mica per niente, Leonora chiama "la pelosa") non ce l'ha in quel modo. Lo so perché ha sempre dormito nuda e quando vado nel suo letto per via degli incubi la vedo.

* * *

Alle sette e mezzo suona la sveglia. Se non fosse così distante e non dovessi alzarmi per prenderla, la tirerei lontano per riuscire a dormire ancora un po'.

Ho passato le ultime sei ore a pensare a un milione di cose e ora tutto in me, a parte il mio pisello che sembra un soldatino sull'attenti, si sta ribellando all'idea di cominciare la giornata.

Quando scendo in cucina trovo una busta di carta tipo quella del pane ad aspettarmi sul tavolo, insieme alla colazione e a tutto il resto della famiglia. Leonora ridacchia, il che mi fa capire al volo che cosa contenga la busta.

«Eccoti!» esclama mamma, stranamente allegra, vedendomi entrare in cucina ancora in pigiama. Voglio che mi veda così fino a quando non avrò diciotto anni e forse allora si renderà conto che se ho preso una brutta strada nella vita, la colpa non è delle cattive compagnie ma sua. Sua e dei merdosi elefanti ciucciatori.

«Dormito bene?» chiede la nonna mentre toglie dal gas il pentolino con il latte e l'Ovomaltina.

A casa nostra, oltre al frigorifero rosa della Smeg, abbiamo anche un fantastico forno a microonde che scalda, cuoce, scongela e fa pure la pizza. Le farebbe risparmiare tempo e fatica, ma nonna Olimpia si rifiuta di usarlo e ci prepara tutto sul fornello, anche il latte e il tè. Guarda quell'affare come se fosse una bestemmia. Con lo stesso disprezzo che si ha verso le cose minacciose, sconosciute o inutili. Io guardo spesso in quel modo Leonora, ma ultimamente meno perché tiene dentro la pancia un tesoro da *Mille e una notte*. Guai a farla arrabbiare, se no finisce che poi sta male anche lui, poverino. I bambini sono in comunicazione con le mamme come E.T. con il ragazzo che l'aveva trovato. Se una soffre, soffre anche l'altro. Se una gioisce, anche l'altro gioisce insieme a lei. Quindi tratto bene mia sorella perché non è colpa del piccoletto che porta dentro se nasce da una tale cretina.

«Apri la busta, coraggio!», batte le mani, tutta contenta.

«Dopo colazione» sbadiglio.

«Adesso. Aprila adesso!»

«Non sei curioso di vedere cos'ha fatto la nonna?» incalza mia madre.

Prendo la busta tra le mani: stavolta andrà anche peggio di Natale. Lo sento! Nonna Olimpia, a parte uccidere povere piante innocenti trapiantandole di vaso in vaso quasi fosse una ditta di traslochi o volesse esercitarsi prima di tumulare la buonanima di nonno Terenzio, da circa un anno si diletta in esperimenti a maglia che mi sono costati tutta una serie di prese in giro che non sto neanche a dire.

«Perché non fai mai niente per Leonora o per la mamma?» le ho chiesto una sera, mentre quelle due falsone decantavano le meraviglie della sciarpa a buchi che mi aveva portato Babbo Natale.

Ora: una delle prime cose che ho imparato dalla vita (tra l'altro, proprio da lei) è che non bisogna, per nessun motivo, fare una domanda se non si è certi di voler sentire la risposta.

La risposta della nonna era che non si sentiva ancora abbastanza sicura di se stessa per affrontare imprese così impegnative in termini di lana e di tempo.

Il che, tradotto, voleva dire: "Siccome sei basso, posso usarti come test perché una sciarpa per te la risolvo con un gomitolo e due giorni di lavoro". Per la cronaca, attualmente ho trentadue sciarpe e sette cappelli che mi sembrano tutti brutti uguali, anche se sono fatti secondo principi differenti (un dritto due rovesci, un rovescio e tre dritti...).

«Sii sincero: ti piace?» chiede nonna Olimpia vedendomi aprire il più colorato maglione della storia. È una giacchetta a righe con la zip, intessuta di arcobaleno. La cosa strana è che è veramente una figata.

«Grazie, grazie!!! È troppo bella! La metto subito!» È un po' abbondante, ma non importa. Sono proprio entusiasta.

«Fermo lì!» Mi blocca il braccio mentre sto per infilarlo dentro una manica.

«Cosa c'è?», resto con il braccio a mezz'aria.

«Non è per te!» dice quella, tutta soddisfatta della mia reazione. «L'ho fatta per Azzurra!» e richiude la busta di carta canticchiando *Nessun dorma*.

* * *

La mamma ha insistito per accompagnarmi a trovare Azzurra: per farlo ha persino deciso di prendersi mezza giornata libera dal lavoro e questa cosa mi fa pensare che forse non mi abbia detto tutto perché lei i giorni liberi se li prende solo se deve andare a un funerale o cose così. Sto per chiederglielo quando mi accorgo che è rimasta indietro qualche passo per parlare al telefonino. Sta sorridendo perciò mi tranquillizzo: se ci fossero problemi all'orizzonte non avrebbe nemmeno risposto, la conosco bene! Quando suono il campanello, è Azzurra che mi apre. Sorride come se non fosse mai neppure stata male. Quasi avessi sognato tutto io stanotte, nei pochi momenti in cui sono riuscito a dormire.

«Come stai?» Lascio a terra il pacchetto che ho in mano e la stringo così forte che se ora cadesse sarebbe perché le sto bloccando la circolazione.

«Bene» mi stampa un bacio sulla guancia, «e tu?»

«Insomma... così così. Mi sono spaventato parecchio!» ammetto. «Avevo paura che stavolta ti fosse successo qualcosa di brutto.»

«Tiè» ride e fa le corna verso il pavimento, accorgendosi del sacchetto di carta.

«Ma avevi detto che stavi per morire...» Mi viene da piangere. Non lo faccio apposta: le lacrime cominciano a scendermi sulle guance, una dopo l'altra. Non pare intendano fermarsi.

Azzurra fa la cosa più figa del mondo: si comporta come se non stessi facendo la figura del deficiente.

«Il mio pediatra avrà dei problemi» dice seria. «Lo ha

detto papà aggiungendo anche un sacco di parolacce contro di lui.»

«Cavolo: Giorgio che impreca proprio non riesco a immaginarlo.»

«Già. Quel medico lì deve aver commesso un errore davvero grosso.»

Sono fortunato: il mio dottore non sbaglia mai, infatti si chiama "primario" perché è il primo di tutto l'ospedale. Il migliore di tutti! Lo posso confermare perché ho provato sulla mia pelle che non fa male nemmeno quando fa le punture. Oltre a "primario" e "dottore" si chiama anche "professore", e questo perché se volesse potrebbe insegnare. Così ha detto nonna Olimpia. Credo che la materia che insegnerà sia disegno perché quando vado a fare una visita mi regala regolarmente delle matite colorate da usare mentre parla con la nonna. Un giorno mi è venuta la febbre alta e lui è arrivato a casa con la sua borsa e mi ha visitato tutto. È stata quella la volta della puntura indolore.

In quell'occasione, appena se n'è andato mamma ha detto alla nonna: «Adesso ho capito perché insisti sempre per accompagnare Gauss dal pediatra» e lei ha risposto: «Potrebbe essere mio figlio». Poi hanno riso tutte e due. Se ridevano con me malato vuol dire che questo medico, oltre che simpatico, è stato molto ma molto bravo perché le donne della mia famiglia tendono a fare una tragedia di tutto, figuriamoci se io con la febbre a quaranta non avrei già soffiato nelle loro teste aria di funerale.

«Cos'è quello?» Azzurra indica il sacchetto di carta.

«Niente di che» arrossisco. «Mia nonna ti manda un regalino», lo raccolgo e glielo porgo.

«Non entrate?» Giorgio ci raggiunge sulla porta molto più serenamente di ieri. Entriamo.

Mamma, che è arrivata di corsa dietro di me, saluta tutti e due con un gran sorriso aperto, di quelli che tiene in serbo per le occasioni speciali. Da questo capisco che non c'è da temere: la bufera è davvero passata, viceversa sfoderebbe quello di circostanza che ben conosco, purtroppo. È quello che fa tutte le volte che a scuola mia la convocano perché ho combinato qualcosa oppure, semplicemente, per via delle riunioni di routine in cui lei è una specie di rappresentante di classe.

«Tua mamma è molto bella, oggi» dice Azzurra appena arriviamo in camera sua. Ormai nessuno dei due fa più molto caso alla quantità di gommapiuma che restringe gli spazi e invade tutto senza criterio.

«Anche la tua era bellissima.» È la verità.

C'è una foto di Letizia sul comodino della figlia e bella lo era quanto lei. Stessi occhi e stessa bocca grande, da lupo mannaro.

Azzurra accende la luce piccola, cercando invano con lo sguardo gli occhi della sua mamma. Eccola lì, al centro di una cornice Ikea di legno chiaro. La foto è buffa: la stessa che hanno scelto, più di un anno fa, per la tomba.

«Papà dice a tutti che era già abbastanza orribile pensarla a consumarsi in uno spazio poco più grande di una scatola da scarpe anche senza aggiungerci il sigillo di un'immagine deprimente.»

Ricordo il giorno in cui è stata scattata perché c'ero anch'io. Era una delle prime volte che andavo a casa loro e Letizia mi aveva invitato a cena. Quando ci penso il cuore mi si riempie al punto che ho la sensazione di affogare. Azzurra aveva trovato qualche settimana prima una vecchia Polaroid nel sottoscala e da quel momento continuava a immortalare di tutto. Quel giorno Letizia, vedendoci comparire davanti come due folletti mentre estraeva una pirofila dal forno, si era scottata con la resistenza incandescente e... click! Concentrata nello sforzo di non imprecare, ci aveva regalato uno scatto involontariamente perfetto. Aveva lo sguardo rivolto al cielo in un'espressione sofferente e buffa allo stesso tempo.

«Ti manca molto, vero?» Forse non avrei dovuto chiederlo.

«Un po'», gioca con il bordo della cornice. «Mi fa paura l'idea che la sto dimenticando.»

«Non succederà mai perché hai una memoria da elefante e perché alla nostra età i neuroni sono ancora tutti vivi e funzionanti, l'ha detto il prof di scienze e...»

«La smetti? Ti dico che ieri mio padre mi ha raccontato di quando la mamma mi metteva a letto: a quanto pare faceva un sacco di voci buffe leggendomi le favole e io ridevo come una matta.»

«Non ti ricordi le favole che ti leggeva tua madre?»

«Non mi ricordo mia madre, cavolo!»

«Va bene. Sarà una cosa temporanea, mica uno cancella i ricordi di anni così!»

«Non dico di averli cancellati del tutto. I Natali, i pomeriggi in cui mi insegnava a cucinare» sorride, «... o lo strazio del periodo in cui si era messa in testa di spiegarmi come si lavora a punto croce! Quelli sono fissati ben bene nella mia testa. Ma la sua voce, il suo profumo o come si muoveva sono i dettagli che non riesco più a mettere a fuoco. Di che colore erano esattamente i suoi occhi? Come muoveva le labbra e che timbro aveva la sua risata o la sua voce quando mi sgridava? Queste sono cose che con le foto non si recuperano e io più mi sforzo e meno le ricordo», ora Azzurra è sull'orlo delle lacrime. Sento che devo assolutamente fare qualcosa.

«Vuoi davvero una risposta? Perché se la vuoi è molto facile ottenerla», le metto un braccio intorno alla spalla. «Basta che ti avvicini allo specchio e piangi o ridi o balli» la stringo un po' di più, «tu sei proprio come lei.»

«Sul serio?» Azzurra si illumina.

«Certo che è vero! Lo sai che non dico mai bugie.»

«Sì!» Si mordicchia il labbro inferiore e poi mi guarda: «Gauss?».

«Dimmi.»

«Ieri ho creduto che l'avrei raggiunta...» lascia la frase a mezz'aria.

«Non scherzare, Azzurra. Su questo proprio non scherzare!» Mi tremano le gambe al solo pensiero.

«Ma non era brutto. Il vantaggio di avere una mamma in paradiso è che certe cose non ti fanno più tanta paura.»

«Fanno paura a me, però!» protesto.

«Gauss?» mi richiama.

«Che c'è?», sono ancora un po' turbato dalla piega che ha preso la conversazione.

«Sarai sempre il mio migliore amico, vero?»

«Scherzi?», mi riprendo all'istante. «Finché morte non ci separi!» dico solennemente, imitando uno sposo.

«E dopo no?» Azzurra sembra apprensiva.

«Anche dopo!» e ci stringiamo per un minuto interminabile. Però niente bacio.

«Adesso posso dirti una cosa io?»

«Spara.»

«Ho in mente un piano geniale.»

«Per fare cosa?»

«Giuri di non dirlo a nessuno?»

«Certo» strizza l'occhio destro, «tanto probabilmente tra due minuti l'avrò già dimenticato.»

Ridiamo e alla fine non riesco a dirle nulla perché mia madre viene a recuperarmi. Non mi piace venire da Azzurra con lei perché ci fermiamo sempre troppo poco. "Per non disturbare" dice. Ma secondo me è una sciocchezza.

* * *

«Tutto bene?» Mamma è in cerca di qualche indizio sul pomeriggio appena trascorso.

«Certo! Perché me lo chiedi?» Azzurra non ha avuto il permesso di uscire nemmeno con me, perciò siamo rimasti confinati nella sua stanza rosa mentre lei e Giorgio, di sotto, prendevano il tè come due vecchie zitelle.

«Così...»

«Giorgio è molto simpatico!» azzardo, tanto per sondare il terreno: «Non credi?» Mi piacerebbe molto se lui e mia madre si sposassero!

«Certo. Molto. È una brava persona» sorride.

«Sarebbe bello se fosse lui mio padre, no?»

«Ma non lo è», il suo tono torna brusco e sulla difensiva, «e ora, ti prego, non ricominciare. Ti scongiuro. Davvero: non è giornata.»

Quando mai! «Ma se tu e Giorgio vi fidanzate, diventerebbe mio padre, vero?» insisto, cercando di ignorare il suo insopportabile atteggiamento nell'affrontare la questione.

«Gauss, che hai nella testa? Le pigne?» ride mamma. Evidentemente, crede che stia scherzando: «Le persone mica si fidanzano così, a caso... bisogna che ci sia l'amore».

«Lo so bene. Infatti volevo sapere se hai un talento.»

«In che senso?»

«Se sei molto brava in qualcosa.»

«Tipo?»

«Non so: il canto, la musica, la pittura... una cosa qualsiasi.»

Mia madre ci pensa un attimo: «La pazienza vale?».

«Mi sa di no.»

«Allora temo di non avere proprio nessun talento particolare. Però grazie di avermelo fatto notare. La mia autostima ne guadagnerà molto.»

«Di' alla tua autostima che deve stare tranquilla» sorrido rasserenato da quell'informazione, «se non hai proprio nessun altro talento, l'amore arriverà di sicuro!»

«Quanto manca alla vetta?»
«Tu sali e non pensarci.»
FRIEDRICH WILHELM NIETZSCHE

Domani è il gran giorno: nonna Olimpia andrà a Torino con mamma a tumulare nonno Terenzio, pronto a essere spostato in un loculo per far posto ai morti di fresco. Leonora starà tutto il giorno da Gabriele e io avrò la casa per me, il che è un bene, ma la nonna è così nervosa che vederla in questo stato mi rovina la festa.

Mamma ha detto che per lei sarà certo un momento penoso, aggravato dall'impossibilità di svignarsela velocemente quanto vorrebbe.

«Farete in fretta, vedrai» la consolo.

«Ci vorrà il tempo che ci vorrà» fa spallucce la nonna, «ma quando sono morti i miei genitori avevo giurato che al cimitero non ci sarei stata mai più e io detesto infrangere le promesse» borbotta.

«Io pure, nonna, sarei preso male all'idea di tutti quei morti.»

«I defunti non mi fanno impressione, ma c'è sempre qualche vedova pronta ad attaccar bottone, a rivangare un passato glorioso inventato di sana pianta o a fare il computo dei familiari rimasti in vita. "Quando toccherà a me?" È questa la domanda che tutti hanno in mente, ma nessuno osa farla ad alta voce, per paura della risposta.»

«Capisco!», in realtà non capisco, ma mi sforzo di immaginarlo. «A me non piacerebbe sapere quando toccherà a me.»

«Nemmeno a me. Invece mio padre ci teneva talmente a

questa buffonata del funerale da programmarlo trentacinque anni prima che avvenisse» alza gli occhi al cielo. «Aveva addirittura comprato un loculo gemello per se stesso e per mia madre.»

«Ed è una cosa brutta?»

«Vieni qui, cucciolotto», mi accompagna a nanna e mi racconta una storia.

«Era uno di quei giorni nevosi. Il classico Natale di campagna, con il fuoco acceso e i mandarini belli e pronti da infilare nella calza appesa al camino. Sapevo che i mandarini sarebbero stati l'unico dono e che non sarebbe arrivato nessun Bambinello a portarmi Corinna, l'amata bambola.»

La storia di Gesù che il giorno del suo compleanno se ne va in giro a distribuire regali non l'aveva mai convinta. Nemmeno da piccola.

Sua madre Nelida le aveva spiegato che prima o poi sarebbe passato anche a casa loro. In effetti, lo fece. Con quattro anni di ritardo e con Corinna al posto della gonna di sangallo che aveva chiesto lei, a quel punto.

Quattro anni a implorare, a esser buona, a scrivere letterine e a lacrimare sui primi, rudimentali, cataloghi di vendita per corrispondenza senza venire minimamente presa in considerazione. Poi, quando meno se l'aspettava, Corinna era uscita dalla sua scatola come quei clown a molla che saltano fuori dal loro box, a farle prendere un colpo!

Quel famoso 25 dicembre, mentre nonna Olimpia sbucciava delusa i suoi mandarini, suo padre consegnò alla moglie una busta giallastra. Nelida l'aveva aperta con mano tremante, aspettandosi forse un buono per la stufa di ghisa a cui faceva il filo da un pezzo. Invece eccola lì, la promessa dell'unione eterna: il biloculo!

Egidio era abbastanza egocentrico da interpretare il pianto di sua moglie come segno di commossa gratitudine, invece erano lacrime di rabbia. Rabbia allo stato puro. Un distillato di amarezza e umiliazione accumulato nel corso degli anni e mai sfogato fino in fondo. Mille volte nonna Olimpia aveva colto negli occhi della madre una profonda frustrazione. Nelida non riusciva nemmeno a farsi ascoltare da suo marito: spasimava per un complimento sul cibo che preparava, per un commento sul suo nuovo quadretto fatto al punto croce, per un gesto di complicità qualunque di tanto in tanto. Niente da fare. Egidio non l'aveva mai accontentata. Già tanto che la degnasse di un'occhiata furtiva mentre era girata di spalle. Non di più. Mugolava qualcosa grufolando nel piatto, ma qualsiasi concetto si perdeva tra i risucchi della zuppa o il ruminare dei cibi solidi.

Fatto sta che la sua povera mamma la vicinanza del marito l'avrebbe sentita solo da morta, dentro quel cazzo di loculo gemello!

Mia nonna finisce il racconto, poi si ricompone e mi fa promettere che quando morirà la faremo cremare.

«Te lo prometto» le assicuro. Anche se non ho la più pallida idea di cosa voglia dire.

* * *

Stamattina, mentre si preparava, Leonora mi ha chiamato in bagno e ha detto seria seria, guardandomi negli occhi: «Se credi che non passerò la mia vita a rinfacciarti che sei stato tu a volerlo ogni volta che rifiuterai di tenermi il bambino, ti sbagli di grosso!». Poi mi ha dato una spazzolata sulla testa con il manico di legno e mi ha fatto anche un po' male. Ma io ero felice lo stesso perché ci teniamo il nipotino e questa, insieme ad Azzurra che sta guarendo, è la notizia più bella del mondo.

Gabriele, evidentemente, deve pensarla come me perché è passato a fare colazione da noi e non la smetteva più di limonare mia sorella.

Spero per lui che abbia fatto un salto a prendere le precauzioni in farmacia. E spero che queste benedette precauzioni non siano in supposte o in punture se no va a finire che Azzurra e io faremo un sacco di figli.

«Preferiresti un maschio o una femmina?» gli domando quando finalmente restiamo soli. «Non vale dire: "Basta che sia sano" perché sono arcistufo di sentirlo» preciso

«Se dico "fa lo stesso", va bene?»

«No» sbuffo.

«Ok. Allora, se proprio devo scegliere, magari preferirei un maschietto.»

«Io pure, è chiaro!» Come si fa a preferire una femmina? Un'altra ragazza in questa casa... come se non bastassero quelle che ci sono!

Alle nove e mezzo sento chiudere la porta di casa. Era ora! Stavo smaniando dal desiderio di procedere con la perquisizione.

Il programma originario è cambiato perché, ora che mia madre sembra diventata così amica di Giorgio, avevo paura che intuisse l'inganno. Perciò andrò davvero a pranzo da Azzurra e passerò il pomeriggio a casa sua.

Il che significa che ho a malapena un paio d'ore di tempo.

Spengo tutte le luci, accendo la mia superpila di Topolino e fingo di essere Lupin III. Il cuore mi batte fortissimo e anche l'alluce batte fortissimo contro uno spigolo che non ho visto.

«Ahiaaa!» strillo. Così decido di accendere la luce. In fin dei conti il buio era una precauzione inutile, visto che le tapparelle sono tutte abbassate.

Prima frugo in camera mia, perché i posti migliori per nascondere qualcosa sono i più insospettabili. Una volta ho visto un film in cui un tizio aveva infilato un microchip importantissimo proprio nella fodera della giacca di quello che lo stava cercando. Mia madre però si vede che guarda solo commedie d'amore perché reperire quel che mi interessa è così facile che mi sento persino un po' deluso: è bastato aprire il primo cassetto della libreria, in salotto, e cercare tra le varie cartelline, perfettamente ordinate e bene in vista.

In quella blu ci sono gli esami del sangue di nonna Olimpia, in quella gialla le varie scartoffie mediche di mamma, nella rosa le cose di Leonora e nella cartellina verde quel che riguarda me.

Faccio passare l'elastico dietro la cartellina e ci guardo dentro, con il cuore in gola. Ci sono alcuni fogli scritti un po' a mano e un po' a macchina. Certi non li capisco perché sono in una lingua straniera che non conosco, ma della quale colgo qualche parola. Forse, più che di una lingua, si tratta di una specie di dialetto. Non è dadese, questo è sicuro.

Scartabellando saltano fuori le radiografie di quando mi sono rotto il braccio, gli esami del sangue che ho fatto per il certificato di sana e robusta costituzione e persino delle fotografie di una specie di fagiolo sempre più grande e grinzoso che, a quanto leggo, dovrei essere io prima di nascere.

Ero proprio brutto!

A parte questo, niente di significativo. Nulla che accenni a un padre qualsiasi. Eppure l'investigatore al telefono è stato molto chiaro: niente indizi, niente padre.

Un momento: sotto "anamnesi paterna" trovo un paio di scarabocchi indecifrabili. Nessun nome né indirizzo però meglio che un dito in un occhio, come direbbe la nonna.

Sono lì, tutto immerso nei miei pensieri, le cartelline sparse per terra – che a rimetterle a posto impiegherò più tempo che a trovarle –, quando scopro di non essere solo.

«Gauss!»

«Ahhhhhh» urlo, facendo un tale salto che mi stupisco di me stesso.

«Svegliati, sono le dieci!» dice la voce di mia sorella.

Non posso crederci! È quell'orribile sveglia che mi ha regalato lo scorso Natale. L'avevo ficcata nel primo cassetto per non sentire il suo orrendo tic tac e l'ancora più orrenda voce registrata di Leonora a darmi il buongiorno. Devo averla toccata per errore con l'angolo di una cartellina e infatti... eccola qui.

Dal gran nervoso l'afferro e la scaglio contro la parete. Cavolo: ho rigato il muro. Sto lasciando più tracce di un ladruncolo da quattro soldi. Sistemo tutto e schizzo via.

Stasera dico a mamma che domani le prove a teatro si protrarranno anche di pomeriggio, invece all'una prenderò la bici – che avrò recuperato già dal mattino a casa –, la caricherò sul treno delle due meno un quarto e arriverò a Vercelli in venti minuti. A quel punto avrò un'ora e mezza per trovare la Lost, fare una chiacchierata con quel Bustieri e rientrare con il treno delle quattro, in tempo per l'uscita da scuola di chi si ferma al tempo pieno.

Sono un genio!

Fatte 'na pizza c'a pummarola ncoppa,
vedrai che il mondo poi ti sorriderà.

PINO DANIELE

«Ancora un po'?» mi chiede Giorgio, mostrandomi la teglia mezza piena. È la terza pizza che stiamo per papparci. Abbiamo deciso di apparecchiare nel loro giardino, piccolo ma accogliente come il resto della casa. Il sole batte sulla tovaglia a quadretti che abbiamo messo sul tavolinetto di plastica e ci scalda il viso.

«Grazie!» Prendo l'ennesimo pezzo sperando di non sentirmi male: nessuno al mondo fa una pizza buona come questa. È sottile ma non biscottata. Soffice ma ben cotta. Croccante sui bordi ma non secca.

«Deliziosa!» continuo a ripetere. È merito dell'acqua buona e del forno a legna che tengono in giardino, secondo Azzurra. Ma io credo che Giorgio sia semplicemente un cuoco favoloso. L'unico uomo al mondo che aveva sia il talento per la cucina sia quello per l'amore (Azzurra dice che i suoi si sbaciucchiavano continuamente). Magari è per questa ragione che uno dei due doni gli è stato tolto.

Giorgio mangia la pizza come me, invece Azzurra dipende: a volte mangia prima il condimento.

«Grazie, Gauss.» Giorgio sembra soddisfatto come un cantante a cui lo stadio dove si è appena esibito ha chiesto il bis.

Azzurra è vestita di tutto punto, nemmeno si fosse cresimata stamattina. Si pulisce la bocca con la manica, beve ancora un sorso di Coca-Cola e pianta un rutto fortissimo.

Se lo avessi fatto io, mamma mi avrebbe rifilato un ceffone. Ma questo perché tende a essere perennemente agitata, nonostante i medicinali che tiene nell'armadietto del bagno e le tisane puzzolenti che si prepara ogni santa sera.

Qui l'atmosfera è del tutto diversa: ridiamo tutti, incluso Giorgio, felicissimo che sua figlia faccia certe cose proprio come un uomo.

In effetti, se è per questo, Azzurra sa anche fischiare come un uomo. Io purtroppo no. È uno spettacolo: si ficca due dita in bocca ad anello (pollice e indice uniti) e produce certi fischi da stadio da far invidia alla curva nord del Torino. Azzurra tifa Juventus, ma solo per far piacere a Giorgio perché né a me né a lei del calcio importa un fico secco. Però la capisco. Del resto, io dico che sono del Toro solo per far piacere a Gabriele che ne è un fan sfegatato.

A dire la verità lo faccio anche un po' perché ho saputo che, anni fa, l'intera squadra si è schiantata con l'aereo sulla collina di Superga. Dovendo scegliere, mi pareva più giusto.

Gabriele dice che nessuno ha sofferto più della nostra squadra e non solo per via dell'incidente, dove sono morti tutti sul colpo. Sono stati lungamente dolori in campo, perché il Toro perdeva sempre e gli ultras delle altre fazioni si inventavano scritte orribili per distrarre gli avversari.

«Andiamo a giocare?» mi chiede Azzurra, dopo un po'.

«Certo!» Provo ad alzarmi ma ho la pancia talmente farcita che penso di riuscire a spostarmi soltanto rotolandoci sopra.

Mi sento gonfio come quel morto annegato, appena recuperato da un fiume, che ho visto ieri sera in tv. La nonna si è addormentata sul divano con me accanto e, siccome mi spiaceva svegliarla perché russava (questo significa che era nel pieno del sonno), sono rimasto lì fino a che non ha riaperto gli occhi e ha chiesto: «Che ore sono?». Io ho detto: «Mezzanotte e mezzo» ancora tremante per le scene appena viste. Quelle che hanno sotto il bollino rosso cioè a dire "vietate ai bambini".

Che strano, quando arrivo in bagno, prima di fare pipì, mi guardo allo specchio di profilo: la mia pancia è tale e quale a prima. Né più né meno.

* * *

Per fare le fotocopie di solito vado da Mail Boxes, a due passi dalla scuola, da Cibo Matto e dal supermercato DiMeglio. Vicino a tutto il mio mondo, praticamente.

Non che succeda spesso, ma capita ogni tanto che debba fotocopiare una ricerca o il quaderno di un compagno perché magari ho avuto la febbre e sono stato a casa una settimana.

Il proprietario del negozio si chiama Roberto ed è una delle persone più strane che conosca a Casale. Sembra un orsetto lavatore, di quelli che ho visto in gita scolastica quando ci hanno portati al Bioparco di Roma. È molto buffo e parla di cose che solo nonna Olimpia riesce a capire perché sono argomenti intelligenti, come il latino e certi libri che sono stati scritti secoli fa.

Nonna Olimpia dice sempre che bisogna portare molto rispetto alle persone come lui perché sono una razza in via di estinzione. Aggiunge di stare certo che, se io fossi in possesso di altrettante nozioni, camminerei con la testa alta come un principe e se piovesse il naso mi si riempirebbe di acqua fino a soffocarmi. Invece Roberto non si vanta: parla di tutto come se non gli importasse e mi fa un sacco ridere con le sue battute strambe. Non tutti le capiscono, lo vedo da come reagisce la gente, ma io e nonna con lui ridiamo proprio! Con le lacrime, per giunta, mica per scherzo!

Sfortunatamente oggi Mail Boxes è chiuso perché è domenica, quindi, mio malgrado, dovrò usare il fax di Giorgio, come mi ha proposto Azzurra.

Il problema è che questo cavolo di attrezzo è proprio sul tavolino nell'ingresso e se qualcosa va storto ci facciamo beccare di fisso.

«Sbrigati, cavolo! Se tuo padre si sveglia sono dolori!» imploro Azzurra che sta armeggiando da cinque minuti con la tastiera del telefono.

«Guarda che non è una fotocopiatrice normale! Nel caso non lo sapessi, questo, mio caro, è un fax!» sbotta per tutta risposta.

È nervosa perché ha di nuovo fatto il sogno delle giostre. Quello in cui, proprio mentre sta per prendere la coda di coniglio, Marika da sotto le grida che si vedono le mutandine. Lo fa di continuo. Non so spiegarmelo. E la cosa buffa è che quelle due non si conoscono neanche. Azzurra sa di lei solo attraverso i miei racconti.

«Ho capito: ma fotocopia anche, sì o no?», mi sudano le mani.

«Se rompi ancora un po' mollo tutto, così vediamo se te la cavi meglio di me!» Io sono a guardia del fortino e tengo d'occhio la porta della stanza da letto di Giorgio, che dopo pranzo ha esaudito il desiderio comune di concedersi un pisolo e si è ritirato.

«Mi raccomando, ragazzi: fate i bravi e svegliatemi pure senza problemi se avete bisogno di qualcosa.» Non per volergli male, poveretto, ma la sola cosa di cui avrei bisogno adesso è che entrasse in coma per due orette!

«Fatto!» Azzurra, entusiasta, mi sventola sotto il naso le copie che finalmente è riuscita a produrre.

Le conto.

«Ne manca una» constato.

«Lo so» balbetta leggermente lei.

«E dov'è?»

«Lì.» Azzurra indica il fax.

Mi avvicino e lo osservo. Un foglio è rimasto incastrato e non c'è verso di toglierlo.

«Porcaccia! E adesso?»

«Se tiri si strappa!»

«Ma se lo lascio lì e tuo padre lo vede...»

«Ok. Allora tiriamolo via» approva, «tento io che ho le dita più piccole?»

«Sì sì.» Sento Giorgio che sbadiglia. «Oh cacchio. Sbrigati, ti prego.»

Forse ce l'avremmo fatta a tirarlo fuori intero se in quel momento non fosse squillato il telefono. Corriamo su per le scale di corsa e quando raggiungiamo la cameretta sono contento che sia imbottita di gommapiuma perché sono tentato di sbattere la testa in ogni angolo.

Per fortuna il foglio che è rimasto per un quarto nel fax era il meno importante di tutti: quello con le orrende fotografie di un me ancora nella pancia che non so riconoscere. Azzurra mi spiega che si chiamano ecografie. Pazienza.

«Vuoi giocare?»

«Mica tanto.» Osservo il pezzo di ecografia che mi è rimasto in mano domandandomi se è meglio rimetterlo nella cartellina così com'è oppure buttarlo.

«Perché non lo tieni tu?» mi sorride dolcemente. «In fin dei conti, per buttarlo, tanto vale che lo conservi nel quaderno delle scoperte.»

«Che razza di scoperta sarebbe?»

«Ma Gauss: hai appena scoperto che tua madre ti vuole così bene da conservare queste orribili foto!» dice e poi, forse per colpa della grande emozione appena vissuta, frana ridendo in ginocchio sul tappeto

* * *

Alle sei e mezzo mamma viene a recuperarmi. Giorgio la fa accomodare e, come succede tutte le volte, entra in questa casa con il broncio ed esce con un sorriso. La capisco: Giorgio con Azzurra è una palla tanto le sta addosso, ma ha la grandissima capacità di mettere il buonumore alla gente. Dote che ha trasmesso anche alla figlia, per fortuna.

Se mamma si fidanzasse con lui sarei così contento che nemmeno mi importerebbe di sapere chi è il mio padre biologico. Del resto, come dice sempre nonna Olimpia, "i figli sono di chi li cresce, non di chi li fa".

A proposito di figli: arrivato a casa, vedo Leonora entrare in cucina con la sua panzotta in mano e un'espressione talmente ebete che mi rallegro di condividere con lei solo mezzo patrimonio cromosomico.

«Ciao a tutti» faccio, entrando.

«Ciao Gauss» dicono a turno. Ci sediamo tutti quanti al tavolo di legno.

«Com'è andata?» Leonora fissa nonna Olimpia come se avessero tumulato lei.

«Benone, cara. Ci siamo divertite moltissimo!»

Che vuoi rispondere a una domanda idiota? La cosa strana è che poi nonna guarda sua figlia e scoppia a ridere con tanta foga che penso abbia un attacco isterico. Invece si calma di botto e comincia a raccontare un episodio improbabile, tipico di lei quand'è in vena.

Secondo il suo racconto, appena giunte davanti al cimitero monumentale, nonna Olimpia ha notato un nugolo di persone assieparsi nei pressi della gradinata attorno a quello che sembrava essere un fotografo.

«E ora i parenti della madre del defunto. No... no... i cugini poi. Prima gli amici...!»

«Ci eravamo appena sposati» diceva al vento, senza convinzione, una ragazza bionda sulla trentina.

Intanto una processione di gente aveva raggiunto l'ingresso del cimitero, stravolta come succede solo quando muore una persona così giovane.

Quella che aveva l'aria di essere la madre del defunto aveva emesso il gemito più straziante di tutti: anche dalle retrovie appariva chiaro che quello era il momento della prima vangata di terra sulla bara.

Il momento più difficile in assoluto.

Poi c'era stato un altro lamento straziante. Barbra Streisand cantava un brano tratto da *È nata una stella* e la ragazza di prima stava coprendo la voce della diva con un sonoro "Figli di puttana".

Mamma e nonna non potevano credere che qualcuno avesse urlato una cosa del genere nel pieno di una sepoltura.

Lo spettacolo che si è parato loro davanti aveva dell'incredibile. Due energumeni stavano trattenendo la giovane vedova mentre quella si divincolava come un'indemoniata sputando e bestemmiando le peggio cose contro il feretro interrato.

La folla taceva, attonita come nella poesia *Il cinque maggio* all'annuncio della morte di Napoleone.

Per un istante sono rimaste impietrite, poi lo sguardo peregrino di mia madre è stato attirato dalla foto tombale: l'uomo che sorrideva dalla lapide non era solo. C'era sua moglie accanto a lui. E anche la donna più anziana che fino a un attimo prima si stava strappando i capelli.

«Non l'avete scontornata, deficienti!» ha continuato a urlare al vento la ragazza senza staccare le mani da un pezzo di ferro recuperato chissà dove.

Poi la persona con cui mia madre aveva preso appuntamento era arrivata e lei si era trasferita insieme alla nonna verso la tomba del nonno Terenzio che, a quel punto, sembrava più noioso che mai.

Mia madre si asciuga gli occhi con il dorso della mano: è ovvio che ascolta questa cosa per la prima volta e ne è divertita quanto me. Mia sorella, al contrario, fissa nonna Olimpia sbigottita e preoccupata perché – ne sono certo – teme di intravedere nelle sue parole un principio di demenza senile e non la fantasia che ci ha fatto crescere allegri anche nei momenti peggiori.

Io abbraccio forte mia nonna perché ho capito che questo è il suo modo per dirci di stare tranquilli, che va tutto bene e che dobbiamo smetterla di preoccuparci per lei.

Poi approfitto di un attimo di distrazione familiare per correre in salotto a rimettere a posto i fogli che ho sottratto stamane dal primo cassetto.

Ragni, serpenti, scorpioni e zanzare,
se faccio la spia che io possa crepare.

ROBIN HOOD

La cameriera – quella che masticava la gomma e aveva l'aria scazzata – non c'è più. Al suo posto è spuntata una ragazza molto carina con le tette grandi e i capelli rossi, come potrebbe diventare Azzurra.

Stavolta nonna Olimpia non chiede nessun giornale e fa colazione con me. Vuole sapere come stanno andando le prove dello spettacolo e se la mia parte l'ho già imparata a memoria. Se solo fossi capace di mentire direi di no, per evitare il rischio che mi chieda un'anteprima. Fortunatamente non lo fa.

«Davvero, nonna, ieri al cimitero è successa quella cosa?» le domando io, di punto in bianco.

«Secondo te?»

«Non si risponde a una domanda con una domanda» la informo, «comunque per me è una balla.»

«Infatti!» confessa. «Quello che è successo davvero è che io e tua mamma siamo state due ore in una cripta polverosa che puzzava di morto a guardare un tizio orrendo mentre travasava tuo nonno in un contenitore di rame da infilare nel buco del muro predisposto.»

«Ma nonna: è orribile! Non dovevi dirmelo!» protesto.

«Tu non dovevi chiedermelo, allora.» Puccia la sua pasta di meliga nel cappuccino tiepido.

Nonna Olimpia è un'accanita sostenitrice della teoria della credibilità. A suo giudizio la verità è altamente sopravvalutata e, spesso, non solo inutile ma anche dannosa. Secondo lei, dal momento che ogni cosa si presta a più interpretazioni, ciò che conta per raggiungere lo scopo di trasmettere un messaggio è che quello che dici sia verosimile, non necessariamente vero.

«Non so che cosa volessi trasmettere, comunque sappi che la tua storia non era nemmeno verosimile» borbotto, infastidito.

«Che scoperta: certo che no!» ammette candida. «Però hai appena imparato quanto la realtà sia infinitamente più noiosa dell'immaginazione.»

Quando la nonna mi ha salutato, davanti all'entrata del teatro, io le ho fatto ciao ciao con la manina e ho finto di incamminarmi verso l'atrio principale. Invece, non appena l'ho vista scomparire all'orizzonte, sono corso verso casa e ho recuperato la mia adorata bici.

Sapevo che, per rientrare, lei avrebbe impiegato il quadruplo del mio tempo e questa cosa, invece di farmi sentire sollevato, mi ha intristito moltissimo.

Un giorno nonna Olimpia rallenterà il passo fino a non muoversi più. Come quei pupazzi a pile quando le pile finiscono. Quello sarà il giorno in cui morirà e, con lei, una parte di me. Una parte che, però, non avrà niente a che fare con quella stupidaggine sulla memoria e su come i nostri cari non ci abbandonino mai del tutto. Ci abbandonano eccome, invece. Lo fanno mentre sono ancora vivi e vegeti, figuriamoci quando smettono di respirare.

Penso alla morte della nonna continuamente, da un po' di tempo. La immagino stesa sul letto in silenzio mentre l'apparecchio acustico continua a fischiarle nelle orecchie come a dirle: "Coraggio, svegliati: non è ancora ora!". Cerco di abituarmi all'idea ma proprio non ci riesco.

Da quando sono piccolo è lei che mi cresce, ogni giorno, con lo stesso amore con cui si prende cura delle sue piante di salvia e timo. Anche adesso, che fa il doppio della fatica, è sempre la solita nonna Olimpia. Odio mentirle. Odio anche solo tenerla all'oscuro. Anche se lo sto facendo in modo decisamente credibile.

Inoltre, batterla sul tempo solo perché le mie gambe sono più giovani e agili delle sue non mi rende una furba volpe ma un pavido coniglio.

* * *

Marika ha portato in classe un manichino da negozio. Un manichino strano: con la testa e tutto quanto. La maestra Carla aveva chiesto se qualcuno di noi avesse una sarta in famiglia o se, per caso, conoscessimo qualcuno capace di confezionare pezzi di arti da tirare a Giovannin senza paura dal soppalco che sovrasta il palcoscenico.

«Mizzeca che tette!» Giamma le palpa e fa dei versi sconci che fanno ridere il gruppetto di compagni che si assiepa intorno al manichino, nemmeno si trattasse di un tesoro e nessuno di noi ne avesse mai visto uno nella vita.

«Dove l'hai trovato?» chiedo a Marika, esaminando l'oggetto.

«In garage. Mia madre aveva un negozio di vestiti, prima.»

«Prima di che?»

«Prima che papà combinasse un guaio grosso e noi ci trasferissimo lontano dalla Romania» lo dice con la stessa naturalezza con cui io racconterei quello che ho mangiato a colazione.

«Tua sorella ha le tette così?!» Lamberto Orioli mi sussurra improvvisamente all'orecchio questa frase a metà tra una domanda, un'affermazione e un insulto.

«Vaffanculo!» rispondo.

«È vero che si è fatta mettere incinta?»

«Tu che ne sai?» sobbalzo.

«Allora è vero!» gongola.

«Fatti i fatti tuoi!»

«Sì, fatti i fatti tuoi!» interviene Marika, seguita a ruota da Antonio e Giamma, che non hanno idea del motivo per cui stiamo discutendo ma lo odiano a prescindere.

«Tanto lo sanno tutti!» ridacchia.

«Che cosa sanno tutti?» mi domandano gli altri, un attimo dopo.

«Che Orioli è un cretino e un ciccione!»

Come diavolo ha fatto a sapere che Leonora aspetta il nipotino? Fatto sta che i compagni si incuriosiscono e vengono da me a chiedere spiegazioni.

«È vero quel che dice Lamberto?»

«Tua sorella aspetta un bambino ma non sa chi è il padre?»

«Sul serio hai fatto un figlio con tua sorella?»

«Non ti offendere, ma corre voce che tua sorella sia un po' troia... che ne pensi?»

La maestra di religione Sara, che si occupa della regia, arriva trafelata e disperde il nostro piccolo crocchio.

«Ragazzi, cominciamo perché siamo già non poco in ritardo!» Poi si accorge del manichino: «Chi l'ha portato?».

Marika alza la mano tutta tronfia e soddisfatta: «Io. L'ho portato io».

«Molto bene» si avvicina e tenta invano di smontarlo. «Temo, mia cara, che per quanto il tuo sia stato un bel gesto, il manichino non si possa utilizzare. È di legno e, anche riuscendo a separare tutti i pezzi, c'è il rischio che i tuoi compagni si feriscano», le fa una carezza sulla guancia. La classe ride.

Marika sembra terribilmente delusa, così la maestra le chiede se possiamo tenere comunque il manichino sul soppalco per usarlo come comparsa silenziosa, nel caso qualcuno di noi si ammalasse all'ultimo. Marika accetta e recupera il sorriso.

«Maestra!» Antonella Filo, la secchiona della classe, evidentemente sente il bisogno di togliersi un dubbio: «È vero che la sorella di Gauss andrà all'inferno?».

Così mi tocca dare spiegazioni alla maestra e quella non è che si sia mostrata molto comprensiva. Certo: ha nominato l'inferno solo due volte di sfuggita e dalle sue labbra le parole "incinta" e "donnaccia" non sono mai uscite. Non vicine l'una all'altra, in ogni caso.

La verità è raramente pura, e non è mai semplice.

OSCAR WILDE

Lo studio della Lost è scomodo da raggiungere. Come tutta Vercelli, del resto! E poi niente treno perché il treno non esiste più, a quanto pare. Ora, al suo posto, hanno istituito un servizio pullman e il guidatore non ha voluto sentire ragioni: per salire a bordo, la bicicletta dovevo lasciarla a Casale.

Alla fine mi è toccato pedalare fino a Vercelli. Ci metto circa un'ora. E per tutto il tempo, chissà perché, mi ripeto in testa la ricerca di geografia che avevo fatto lo scorso anno e recitato a memoria davanti a tutta la classe perché era stata considerata la più spiritosa.

"La grandezza di Vercelli si misura in chicchi" cominciava. Infatti questa è la città europea del riso. È pure la città europea delle zanzare, seconda solo a Casale Monferrato (dove però non si coltiva nemmeno tutto quel riso).

Vercelli si trova in una pianura bagnatissima, sulle rive del fiume Sesia. Molto importanti sono le industrie che lavorano il riso, tanto per cambiare. Con il riso si fa la panissa che è un pasticcio di fagioli, salsiccia e altre squisitezze messe insieme. La panissa è buona da matti, anche se fa fare i prut prut la notte. Nella zona del biellese, la panissa si fa diversa e non è quella originale. Lì di originale è molto sviluppata l'industria tessile (in particolare, quella laniera).

Mia nonna dice sempre: «Vercelli nutre, Biella veste, la Valsesia diletta», questo perché le bellezze naturali della

Valsesia sono famose, anche se io non le ho mai viste. In compenso sono stato a Valduggia, dove c'è una fonderia di campane di cui non parla quasi mai nessuno ma che a me piace più del riso e della lana messi insieme.

Fine della mia esposizione. Applauso dei compagni.

Sudo come il passerotto in bocca al gatto che sta per masticarlo e ho una fame da lupi. Forse dovrei cercare un veterinario, non un investigatore.

La sola cosa facile che mi riesce è dovuta alla prima botta di fortuna della giornata, cioè aver imboccato per sbaglio la via che cercavo.

È una via sterrata che prendo facendo bene attenzione a dove mi trovo: il senso dell'orientamento non è il mio forte e mi farebbe piacere capire come tornare indietro senza perdermi. Per lo meno fino alla stazione, perché ho verificato: quello delle quattro per Casale Monferrato – grazie al cielo – è un treno vero e proprio.

Raggiungo la chiesa e, subito dopo, l'ampio parcheggio che mi è stato indicato per telefono.

Tante automobili parcheggiate a spina di pesce impediscono alla mia bicicletta di trovare una collocazione. Ancoro la vecchia mountain bike bianca a un palo di divieto d'accesso e butto l'occhio verso la villetta bifamiliare davanti a me.

Una bambina bionda con i capelli corti mi spia dalla sua postazione, dietro le tende della cucina. Faccio ciao con la mano, rimediando in cambio una linguaccia.

Prendo un gran respiro e mi avvio al cancello che ho appena individuato. Schiaccio per alcuni secondi il tasto del videocitofono e aspetto che qualcuno apra.

«Chi è?» domanda una voce femminile.

«Gauss Bassi» rispondo. Mi aspetto che qualcuno ora mi chieda "Butto?", tante sono le volte che stamattina mi è toccato ripetere la scena.

«In fondo a sinistra, prego» dice invece la voce.

Attraverso il vialetto fino al portone d'accesso di un palazzotto d'epoca, interamente coperto di glicini.

Vengo fatto accomodare da una segretaria distinta e solare nella sala d'attesa più piena di riviste che abbia mai visto. Ne sfoglio una, senza leggere nulla.

Un servizio fotografico segnala che quest'anno la moda punta al "tono su tono" delle tinte classiche. Buona notizia per nonna Olimpia, che possiede un armadio strapieno di capi in tutte le varianti del marrone, del grigio e del nero.

«Tu devi essere Gauss, immagino!» Un tizio sulla quarantina, alto e ben vestito, raggiunge la soglia della sala d'aspetto con la mano già tesa verso di me.

«Sì, esatto» ricambio il sorriso, «tanto piacere!»

Per fortuna ha una stretta forte e vigorosa. Non mi fido di chi ce l'ha molliccia.

«Sono Tristano Bustieri. Piacere mio. Prego, vieni... da questa parte!»

Mi fa strada attraverso un corridoio asettico.

Per essere un'agenzia di investigazioni, l'ambiente è stranamente ordinato. Resto sorpreso: gli unici investigatori che conosco sono quelli della tv e nessuno di loro assomiglia a questo. A dirla tutta, mi aspettavo uno stanzone fumoso dove un uomo malvestito rovista nel torbido delle infedeltà coniugali.

Il dottor Bustieri – lo testimoniano tutti quei fogli incorniciati alle pareti – è laureato in giurisprudenza con lode. In più pare assai distinto. E dignitoso è pure il suo studio, lindo come una stanza di ospedale e arredato con semplicità e buon gusto. Insomma, tutto intorno a me grida: "Sei nel posto giusto!!!".

Una volta seduti, l'investigatore mi fa un gran sorriso aperto e spontaneo: «Dimmi tutto. E, per favore, comincia dall'inizio».

Dire tutto non è possibile. Così va a finire che racconto quello che non serve. Gli dico di mamma e spiego che i suoi genitori sono morti. Tutti e due. Di colpo. In un incidente d'auto, mentre tornavano da un viaggio. Si erano addormentati al volante e avevano ucciso tre persone che venivano nel senso di marcia opposto perciò, oltre al danno, la beffa: tutto quel che possedevano era servito a pagare gli avvocati e a risarcire i familiari delle vittime.

Mamma aveva saputo quel che era successo mentre era interrogata in poesia a scuola. Il direttore era entrato in classe e l'aveva trasportata direttamente all'obitorio: in assenza di altri parenti toccava a lei riconoscerli e lei li aveva riconosciuti eccome.

Per due anni mia madre ha vissuto dalle suore ed è stato in quel periodo che ha capito che Dio non esiste o, qualora esistesse, non è buono come vuole far credere.

Il Dio dell'istituto permetteva che un prete toccasse le bambine in punti dove nemmeno loro avevano mai osato mettere le mani e che qualcuna delle compagne venisse picchiata con lo zoccolo di legno sotto la doccia.

Quando mia nonna Olimpia l'ha trovata, mamma aveva dodici anni, pesava trentadue chili e si rifiutava di mangiare, tanto che era finita all'ospedale Gradenigo, dove nonna faceva volontariato da che era rimasta vedova.

Per farla breve, nonna Olimpia aveva fatto carte false e allungato parecchie mance all'istituto per riuscire a rapire mamma dall'inferno e a riportarla a uno stato di salute decente. Per molto tempo a seguire mia madre, non so per quale motivo (la nonna non è mai scesa nei particolari), si è rimpinzata di cibo per poi ficcarsi la mano in gola fino al polso e vomitare.

Lo ha fatto tante di quelle volte che, ancora oggi, se le si guarda l'attaccatura della mano destra si vede il segno dei denti.

Ma la nonna, paziente e buona com'è, ha vinto e mamma ha ricominciato a stare bene.

Ha ripreso gli studi e ha conosciuto il papà di mia sorella, con il quale è stata tre anni prima e uno dopo che Leonora nascesse.

Non so che cosa sia andato storto tra loro: mamma tiene ancora nascoste in una cassettina le foto fatte insieme. Erano carini, devo ammetterlo: lei con i grandi occhi spaventati che ancora adesso la distinguono da tutte le altre mamme e lui con un'aria spavalda e divertita come a dire che, al contrario, non temeva niente e nessuno.

Qualcosa però mi sa che la temeva eccome. Credo fosse terrorizzato dai bambini e, tra l'altro, non è che Leonora fosse una creatura incoraggiante da questo punto di vista.

Fatto sta che mamma è rimasta sola. Si fa per dire, infatti sono rimaste in tre. Tre femmine.

Poi... vuoto vuoto vuoto... e arrivo io!

Vorrei solo sapere che parole mettere in questa storia al posto di "vuoto vuoto vuoto".

«Lei può riempire il vuoto con dei pieni?» domando all'investigatore, in conclusione di quella che mi sembra la chiacchierata più lunga di tutta la mia vita.

Tristano Bustieri osserva la foto di mamma che ho aggiunto al fascicolo. «Tua madre sa che sei qui?» mi chiede serio.

«No. Lei non vuole...» scelgo con cura il termine «... collaborare.»

«Allora temo di non poter fare molto, ragazzo.»

«Come sarebbe?», gli indico i fogli che ho poggiato sulla scrivania. «Qui ci sono delle informazioni. Poi può seguire mia madre... interrogarla... magari va nel suo studio e con la scusa di farsi curare un dente...», respiro affannosamente. «Se è questione di soldi, posso portargliene ancora», svuoto le tasche sul tavolo e due spiccioli cadono a terra rimbalzando.

Bustieri si alza e li raccoglie. Poi prende il resto dei soldi, li stira con le mani fino a renderli piatti e non palline di carta da venti euro e li pinza dentro una graffetta di plastica gialla. Dopodiché mi si avvicina, si siede sul bordo del tavolo, mi piazza la faccia a pochi centimetri dal naso e me li restituisce.

«Non è questione di soldi. Ti aiuterei volentieri, giuro su Dio. Ma qui dentro non c'è nulla che possa chiamarsi anche solo indizio, se non la quasi certezza che tuo padre non fosse un estraneo.»

«Certo che non era un estraneo! Mi prende in giro? Lo sa lei come si fanno i bambini? Mia madre non si metterebbe mai nuda vicino a un tizio che non conosce! Il problema è chi sia il tizio in questione!»

«Certo che no! Chiedo scusa» sembra mortificato per

quell'uscita infelice, «però, Gauss, tornando a bomba: non sono mica un veggente! Per una ricerca del genere servono due cose: informazioni e consenso dell'interessato.»

«L'autorizzo io. Io glielo consento!» insisto.

«Per prima cosa tu non sei l'interessato principale. Secondo, hai dieci anni. Qui serve il benestare di un maggiorenne.»

«Con quello, non avrei bisogno di chiedere aiuto a lei, le pare?» Ma senti tu che discorsi!

Mi prende entrambe le spalle nelle mani: «Facciamo così: ora torni a casa e ci pensi. Poi, se decidi di procedere, mi autorizzi a raccontare alla mamma che cosa sei venuto a fare qui e ti prometto che farò tutto quello che posso per convincerla a rivelarti il nome di quella persona. Che ne dici?».

«Dico che se facessi una cosa del genere, mia madre mi ammazzerebbe.»

«No. Non credo proprio. Non sono un veggente, ma posso dirti con certezza che questo non succederebbe mai.» Poi, sempre sorridendo, Bustieri si avvicina alla porta e la apre.

È evidente che per lui questo colloquio è finito.

* * *

"Se non altro non ha voluto i miei soldi!" mi ripeto. Peccato che una parte di me continui a rispondere: "Capirai che consolazione!".

So che non tutto è perduto e che nonna ha promesso. Però sei mesi sono lunghi da far passare e, a quel punto, sarà appena nato il nipotino e nessuno sarà dell'umore giusto. Perché mica sono stupido: so bene che ci sarà da piangere. Se ci fosse un lieto fine dietro l'angolo, negli ultimi dieci Natali papà sarebbe stato a tavola con noi.

Quando raggiungo la soglia di casa trovo la nonna ad aspettarmi con una faccia assai più scura della mia.

«Dove sei stato?» mi chiede con le mani sui fianchi.

«A Vercelli. Da un investigatore, per cercare mio padre!» Tanto si capisce che mi ha beccato.

«Fai meno lo spiritoso! Sono le cinque: avresti dovuto essere a casa venti minuti fa» mi rimprovera.
«Scusa» balbetto. Sono sbigottito. Non mi ha creduto! E, tra l'altro, non le è mai importato se tornavo a casa un po' dopo l'orario.
«Che ti prende?»
«Dài, muoviti» agguanta la borsa, «dobbiamo andare.»
«Dove? Sono appena arrivato. Sono stanco e volevo fare merenda», non mangio niente da stamattina e puzzo di sudore. Non mi va di andare da nessuna parte. Quello che voglio veramente è farmi un toast e guardare la tv. Quella vera, senza il doppiaggio di nessuno.
Un semplicissimo cartone animato o una puntata di "Art Attack" andrà benissimo.
«Se sei appena arrivato è colpa tua. Potevi arrivare prima e riposarti. La merenda la puoi fare strada facendo. Ti prendo un pezzo di pizza» si avvia.
«Ma sono stanco...» protesto.
Mi fanno male i polpacci e ho le gambe molli dalla gran pedalata di prima.
«Non farmi scappare la pazienza anche tu. Ci ha già pensato tua madre, oggi, a farmi girare gli zebedei!»
«Uffa, che barba!» protesto, però la seguo.
In certi casi, meglio obbedire da bravo soldato. La nonna raramente è tanto contrariata e di cattivo umore ma, quando succede, bisogna lasciarla sbollire se no finisce che ci rimedi anche un paio di scappellotti.
Come quella volta che, al supermercato, ho aperto una confezione di patatine senza il permesso, prima di arrivare alla cassa. Apriti cielo! Nonna Olimpia è buona e cara ma non va sfidata se ha la luna storta.
«Leonora non c'è?» le chiedo a mezza voce.
«Sì, è a casa, ma dorme» risponde, telegrafica.
Trascino i piedi a terra. Normalmente mi prenderebbe un po' in giro, ma stavolta nemmeno se ne accorge. Si è persino scordata gli apparecchi acustici accesi al massimo volume perché li sento fischiare da qui.
«Dove andiamo?»

«Da DiMeglio.»
«Secondo me c'è di meglio!» Questo la tirerà su di morale.
«Secondo me hai rotto con sta battuta del cavolo!»
Ma che bellezza!

A tacere non si fa mai peccato.

NONNA OLIMPIA

Ci risiamo. Un solo tavolo, troppe persone: io, nonna, stavolta – grazie a Dio – Leonora, mamma e il lemure, ribattezzato "il fetido" da mia sorella che patisce gli odori e dice che nulla la fa vomitare bene come l'alito di quello lì. Allora ci siamo messi a discutere se non gli puzzassero di più le ascelle della bocca e persino nonna Olimpia l'ha preso in giro: «*Ego recidivo fetens sum! Et sum sempiternamentis tra i cocones!*» ha recitato, imitandolo. E poi giù a sghignazzare.

Sono felice che sia tornata di buonumore. L'incursione in camera da letto a ciucciare la corona della Madonnina di Lourdes deve aver fatto il suo.

Una volta – prima di trasferirci a Casale – anche senza aiutini alcolici capitavano spesso momenti come questo.

Mamma tornava a casa dal lavoro e ci trovava a scompisciarci per i motivi più disparati. Allora faceva finta di sgridare la nonna perché sembravamo tre liceali in gita scolastica, ma a quel punto nonna Olimpia le tirava regolarmente addosso qualcosa (tipo una pallina di pane o una manciata di farina) e scoppiava la guerra dei panini. Una cosa stupida, se ci pensi bene, ma credo di essere cresciuto in una famiglia felice per molto tempo, tutto sommato.

Poi mia sorella, già malata di adolescenza, è peggiorata e la nonna ha vissuto maluccio il fatto di essere trapiantata a Casale. Non tanto per il posto, quanto perché a Torino aveva le sue abitudini... le amiche del ramino e il Teatro Regio, dove si faceva accompagnare ogni venerdì a vedere l'opera.

Qui più che interrare piantine e lavorare a maglia non può fare, perciò si è intristita. Leonora si è fidanzata, io sono cresciuto – anche se non si nota tanto –, ho conosciuto Azzurra e le più grandi risate ora le faccio con lei.

Per quanto riguarda la mamma... be', mi sa che per lei la vita non è cambiata molto: sembrava infelice prima e lo sembra anche adesso. Del resto, visto tutto il tempo che passa col lemure non le si può dare torto.

«Che profumino delizioso!», il fetido annusa l'aria che non sa di niente se non del suo alito.

«Di certo non arriva da lui» mi sussurra Leonora all'orecchio.

«Come hai detto?» chiede quello.

«Niente» rispondiamo in coro io e mia sorella. E giù a ridere.

«Le piace? Sono alici marinate all'aneto!» si vanta la nonna, tutta tronfia.

«Moltissimo.»

Una goccia d'olio atterra sulla cravatta del lemure. Questa è ancora più orrenda delle altre: ci sono caschi di banane gialle su sfondo blu.

«Dimmi Gauss, come sta andando la recita?»

«Benino.»

«Potresti spiegarti meglio, non credi?», mamma è già tesa, lo sento.

«Non saprei: io ho il dono della sintesi.» Benedizione paterna di sicuro, visto che nessuna donna della mia famiglia ne è dotata.

«Un uccellino mi ha detto che hai ottenuto un ruolo importante» insiste il lemure.

«La mamma esagera.»

«Non è stata lei!» si schiarisce la voce.

«E chi, allora?» sono curioso.

«Il tuo insegnante di musica.» Ora si spiega l'apparecchio per i denti "cattura-porcherie"! «E anche un tuo amichetto!» conclude.

«Gauss ha l'amichetto! Gauss ha l'amichetto...!» cantilena Leonora, più per prendere in giro lui che me.

«Quale amichetto?» la ignoro.

«Lamberto, il figlio del sindaco Orioli» dice soddisfatto, «davvero un bambino simpatico!»

«Ma se è una merda!» dichiaro, lasciando tutti basiti.

«Gauss!» balbetta mia madre, che non credo mi abbia mai sentito esprimermi così. «Ti pare il modo di parlare di un tuo compagno?»

Nonna butta giù il terzo bicchiere di vino: «Antipatico come quella merda di sua madre, ma sempre un compagno!» e scoppia a ridere sputacchiando sulla tovaglia.

«Mamma, è stato Lamberto a dire in classe che Leonora è incinta» indico il lemure, «e adesso tutti la prendono in giro e a me tocca difenderla!»

«Non credevo fosse un segreto di stato» si difende lo stronzo.

«Mi pareva di avertene parlato in confidenza», mamma sembra finalmente arrabbiata con lui.

«A tacere non si fa mai peccato» biascica nonna Olimpia.

«Appunto», il lemure la fulmina con lo sguardo ma lei fa spallucce.

«Chissenefrega, mamma.» Leonora si alza da tavola: «Lascia che tutti lo sappiano e che dicano quello che vogliono».

Cavolo: questa da lei non me l'aspettavo.

* * *

Dieci minuti dopo essermi infilato nel letto con in mano le mie quattro fotocopie in croce (continuo ad analizzarle come se potessi trovarci dentro chissà che indizio), mia sorella fa irruzione nella stanza.

«Che c'è?» sobbalzo. «È successo qualcosa?»

Leonora non entra in camera mia da tipo due anni.

«Posso stare un po' qui?» si avvicina. «Che hai in mano?» chiede, sdraiandosi accanto a me e lasciandomi secco stecchito.

«Niente», metto i fogli sotto al sedere, in modo che non possa sottrarmeli.

«E dài... fammi vedere» comincia a farmi il solletico.

Io il solletico lo patisco da matti. Non solo ai piedi, come Azzurra, ma proprio ovunque. Quel "chiribirichiri" mi annienta.

«No, ho detto!» ripeto, cercando di difendermi. «Che ci fai qui?»

«Ti dispiace?», finalmente la pianta di torturarmi con le ditina appuntite.

«Ni.» Non mi dispiace ma preferisco non darle troppa soddisfazione: è capace che tra due minuti ritorna a essere la stronza di sempre.

«Non mi andava di sentire le stupidaggini di quello» fa un cenno con la testa verso la sala da pranzo, «lo senti come parla?»

«E tu lo senti come puzza?»

«E tu lo vedi come guarda mamma?»

«E tu ti accorgi di quanto lei ci civetta?»

«Non è che ce lo porta a casa perché ci si vuole fidanzare?» Questo pensiero mi attraversa la mente come una saetta e mi folgora.

«Oddio no!», mia sorella sgrana gli occhi scandalizzata. «Spero proprio di no, povera mamma!»

«Leonora?»

«Dimmi.»

«Cosa senti?»

«In che senso?»

«Nella pancia, dico. Che cosa senti? Dev'essere strano avere un parassita che cresce dentro di te.»

«Andiamo bene» ridacchia, «hai sentito, piccoletto? Tuo zio ti considera un parassita!»

«Be', insomma... tecnicamente lo è. Mangia dal cordone ombelicale, ti fa pipì e cacca nella pancia...»

«Va bene, basta così. Ho capito!» storce il naso. «Comunque per ora non sento niente, a parte una gran voglia di vomitare. Direi che non sono molto diversa da prima», alza le spalle.

«Ah!» Provo un pizzico di delusione.

«Però tra due giorni faccio la prima ecografia e lo vedrò... magari lì qualcosa cambierà.»

da tutto il Piemonte raggiungono Casale per celebrare qualche ricorrenza dal nome impronunciabile. Certe famiglie i cui avi abitavano a Casale organizzano qui i festeggiamenti per le loro occasioni speciali, come i matrimoni e i compleanni.

«Inoltre oggi» aggiunge la maestra con gli occhi lucidi di soddisfazione, «la sinagoga ospita eventi pubblici legati alle tematiche dell'ebraismo quali conferenze, concerti e incontri culturali. È divenuta quindi un monumento per la città e una pietra miliare della cultura del Monferrato» sorride compiaciuta. «Ci sono domande?»

Otto braccia, incluso il mio, si levano contemporaneamente.

«Ditemi, bambini», gli insegnanti si scambiano un'occhiata orgogliosa e stupita.

«Maestra, posso andare in bagno?»

Il maestro Guglielmo dice che, prima di oggi, non era mai riuscito a coordinare le nostre voci in un coro tanto perfetto.

Ho l'impressione, però, che la maestra Carla stia per avere un attacco isterico. Alla fine in bagno non ci va nessuno, così Antonio e Giamma non riescono a intasare la tazza con la carta igienica che si erano portati dietro da casa.

La visita scorre quindi veloce e senza intoppi come è giusto che sia e due ore dopo siamo di nuovo in classe.

* * *

Quando suona la campanella Marika mi dice che viene a casa mia perché sua madre la aspetta lì. Oggi pomeriggio nonna Olimpia non c'è e mamma lavora tutto il giorno perciò, con la casa libera, Dana potrà fare le pulizie con calma. Non posso dire di essere entusiasta all'idea di dovermi sorbire Marika anche fuori dall'orario scolastico, ma tant'è.

«Dov'è tua madre?» attacca, appena usciti da scuola.

«Al lavoro.»

«E tua sorella?»

«Non lo so.»

«E tua nonna?»

«Che barba, però! Che cosa te ne frega?»
«Così» sorride, «allora?»
«Allora cosa?»
«Dov'è tua nonna?»
«È a fare una gita con le signore dell'Orticola, va bene?»
«Non sapevo che aveste un orto in casa.»
«Non dire sciocchezze! L'Orticola è una specie di gruppo di signore che amano i fiori e il giardinaggio.»

La loro presidentessa si chiama Luisa ed è una signora non tanto alta e piuttosto magra. L'ho incontrata diverse volte con la nonna e devo dire che mi è rimasta impressa per i suoi modi gentili e per il profumo di buono che aveva addosso.

«Anche io amo i fiori!»
«Sì, ma tu nell'Orticola non potrai mai mettere piede.»
«E perché?»
«Sono tutte signore molto distinte e parecchio eleganti.»
«Se sono così eleganti come fanno a coltivare l'orto?»
«Ti ho già detto che l'orto non c'entra niente!»
«Ah già. Che strano.»

Ci rinuncio.

* * *

Le ragazze sono più emotive dei maschi. È un dato di fatto incontestabile. Sarà perché loro hanno le mestruazioni e noi no. Sarà che il lato del cervello che utilizzano è diverso dal nostro. Oppure la ragione è che, da quando nascono, vengono trattate come se fossero di vetro tanto che se ne convincono.

«Perché fai così, adesso?» Da quando, dopo pranzo, Dana l'ha presa da parte per dirle non so cosa, Marika si è chiusa in un mutismo ostinato.

«No.»
«No cosa? "No" non è una risposta!»
«No, non voglio parlare con te. Con nessuno!»
«E dài... tanto lo so che tra due minuti mi racconti tutto. Facciamolo subito e non se ne parli più!»

Mi guarda in tralice. Sta già cedendo. Se al suo posto ci fosse Azzurra dovrei sudarmela per ore una spiegazione, ma Marika è fatta diversa.

Alla fine viene fuori che stamattina, mentre noi eravamo alla sinagoga, la direttrice didattica ha convocato Dana per informarla dell'intenzione di bocciare la figlia. A quanto pare Marika fa troppa fatica a stare dietro al programma e se la mandano alle medie in questo stato sarebbe peggio per lei.

«Cavolo!» Che posso dirle? «Mi spiace», il che è vero. Insomma: è già lo zimbello della classe, figuriamoci se si fa pure bocciare!

«Magari se studi un po' di più... posso darti una mano, se ti fa piacere» propongo senza nemmeno pensarci. Tra pochissimo finisce la scuola, ma possiamo almeno provarci.

«Davvero?», ha un'aria così stupita che per un attimo mi vergogno di me stesso per non averlo fatto prima. In fondo non è neanche tanto male. Abbiamo giocato a nascondino, ai banditi e al Lego e non si è mai lamentata.

«Certo! Io non dico mai bugie!» specifico: «Solo che devo chiedere anche ad Azzurra: di solito al pomeriggio studio con lei.»

Le porto i compiti così si tiene aggiornata con il programma e il suo insegnante privato è agevolato nelle spiegazioni. E poi è più divertente che studiare da soli.

Marika si illumina come un girasole sotto un raggio: «Grazie, Gauss».

«E dài, però... quanto sei appiccicosa... lasciamiii... così mi strozzi!»

* * *

Un'ora dopo Azzurra storce il naso: «Ti piace quella?!» mi chiede in un modo che sembra più che altro un'affermazione.

«No! Sei scema?!» Come le viene in mente una simile assurdità?

«Adesso mi insulti pure? Perfetto: allora vai a studiare con Marika e lasciami in pace», mi gira le spalle.

«Si può sapere che accidenti prende alle ragazze, ultimamente? Mia sorella passa dal pianto al riso mille volte al giorno senza nessun motivo. Mamma litiga tutti i giorni con la nonna per le ragioni più disparate. E ora tu fai così! Torno a casa così almeno avrò a che fare con donne dalle quali certe reazioni me le aspetto.» Sono davvero triste.

«Gauss?» la voce di Azzurra mi raggiunge quando sto per aprire la porta della stanza. «Non andartene.»

«Se ti scuso la smetti di dire stupidaggini?»

«No.»

«E possiamo dare una mano a Marika?»

«No.»

«Perfetto, allora la faccio entrare. È qua fuori» la sfotto, ma solo un pochino perché in effetti Marika arriverà a momenti.

«Scemooo!!!» strilla Azzurra, ridendo, mentre le faccio il solletico.

* * *

«Ora posso scendere?» imploro.

Sono su questo cacchio di olivo da più di quaranta minuti e la mia pazienza comincia a dare segni di cedimento.

«Ancora un attimo!» Azzurra schiocca le dita: «Assistente?».

«Sì, dottoressa?» scatta sull'attenti Marika.

«Passami i ferri del mestiere», traffica sulla panchina con un cordino e le mollette: «Ecco fatto!» Cambia tono e torna a essere la scienziata: «Ti prego, scendi. Non ti farò del male!».

Io fingo di fare una qualche resistenza, poi mi lascio dondolare da un ramo stile scimmia e plano sul pavimento di foglie ai miei piedi.

«No, no... non tremare» mi dice.

Ha recuperato un camice bianco e uno stetoscopio di plastica e adesso è proprio calata nella parte.

«Non tremo. Fa un caldo porco!» la rassicuro.

Lei mi lancia un'occhiataccia severa. Le sto guastando la festa.

«No, no, non tremare, piccolino!» riprende dalla battuta precedente.

Mi conduce alla panchina mentre io rifletto sul fatto che chiunque altro osasse chiamarmi in quel modo sarebbe già per terra con il naso sanguinante.

«Non parli la mia lingua, vero?»

Non mi lascia il tempo di rispondere perché mi ha già piazzato le mollette su entrambi gli indici. «Tranquillo: ho inventato questa macchina della verità che farà in modo che ci possiamo capire» sorride soddisfatta.

«Mi fanno male le pinze!» osservo, senza sortire il minimo risultato.

«Adesso dimmi tutto: da dove arrivi?» comincia.

«Chi sono i tuoi genitori?» Ci mancava anche Marika.

«E dài: ora basta!» esclamo, togliendomi le pinze dalle dita indolenzite. Mi sono rotto di fare sempre questo gioco. Per fortuna arriva Dana. Ha addosso un vestito lungo fino ai piedi e i capelli raccolti in una buffa coda di cavallo. Potrebbe avere tra i trenta e i trecento anni: non si capisce. Non è né bella né brutta: solo senza età, come le attrici dei vecchi film in bianco e nero che vede sempre la nonna.

«Marika, saluta i tuoi amici. Si è fatto tardi.» Dana le dà un bacio sulla testa. Che coraggio! A giudicare dall'aspetto che hanno, non si laverà i capelli da almeno un mese.

«Ci vediamo domani», fa ciao con la mano.

«Sono quasi le sette. Ha detto la nonna che devi rientrare anche tu» si raccomanda Dana.

«Adesso vado» prometto, «solo un attimo.»

«Ok. Ma sbrigati.»

Poi madre e figlia se ne vanno abbracciate.

«Avevi ragione tu: l'investigatore è stato una perdita di tempo. E se non me li avesse ridati indietro, anche di soldi» dico ad Azzurra quando restiamo soli.

Lei si leva lo stetoscopio dal collo: «Racconta. Sono tutta orecchi».

Così le parlo di ieri, della corsa in bici e della cena. Le dico di mia sorella e di quello che sto vivendo a casa, e cioè una variante domestica dell'inferno. Poi racconto della recita e di quello che dice in giro Lamberto su Leonora, di quanto vorrei spaccargli la faccia. Parlo quasi tutto il tempo io, finché arriva il momento di andare a casa. Solo a quel punto Azzurra apre bocca. Immediatamente dopo, mi trovo a sperare che non lo avesse mai fatto.

«Ti ho mai parlato della sorella di mia madre?»

«No.»

«Si chiama Sophie, vive in Francia.»

«Che bel nome!» sorrido. «Ora però mi tocca proprio andare!»

A volte Azzurra fa così: tira fuori cose che non c'entrano niente. E, di solito, lo fa proprio quando sa che devo scappare. Credo sia perché non le piace quando ci salutiamo.

«Ha chiesto a mio padre di mandarmi a stare da lei quest'estate.»

«Quest'estate quando?», mi blocco sull'attenti.

«D'estate! L'estate arriva d'estate, come puoi immaginare. E la zia vuole che la trascorra a casa sua.»

«Intendevo: per quale parte dell'estate?» specifico.

«Tutta quanta» sospira, «l'estate intera!»

L'estate intera? Tre mesi qui a Casale Monferrato con le zanzare e l'umidità, mia nonna, mia sorella che piange e mia madre che strilla... tutto questo senza neanche il confortante pensiero di Azzurra? Perché invece delle pinze non mi ha infilato direttamente degli spilloni sotto le unghie? Mi avrebbe fatto meno male.

«È per Marika?»

«Come?» Sembra confusa.

«Guarda che se vuoi andare via perché sei gelosa di Marika io la mando al diavolo e che si arrangi. Sai cosa me ne frega se la bocciano!»

«Che stai dicendo?» Azzurra ride. «Mi fa piacere sapere che lo faresti ma Marika non c'entra niente con questa storia. Fosse per me resterei qui con te.» Mi accarezza una spalla: «Guarda, te lo giuro: pur di stare qui starei anche con te e Marika insieme!» e si bacia due volte gli indici messi a X a garanzia della sincerità delle sue parole.

«Va bene. Allora ci vediamo domani» bisbiglio a testa bassa.

«Non hai null'altro da dire?» Pare delusa.

«Sì: che era meglio se moriva tua zia Sophie invece di tua madre.»

«Questo è certo!», raccoglie pinzette e cordini e corre via, lasciandomi lì come l'imbecille che sono.

A volte basta un attimo per scordare una vita,
ma a volte non basta una vita per scordare
un attimo.

JIM MORRISON

Gabriele è passato a prenderci per portare me, la nonna e Leonora alla prima ecografia. Mamma non è potuta venire, ma ha detto che la prossima volta prenderà il posto mio o quello di nonna Olimpia, tanto per non fare troppa cagnara.

L'ecografia non la facciamo a Casale, ma a Vercelli. Non ho idea del perché abbiano escluso un dottore di zona, ma pare che il ginecologo di Vercelli sia il migliore del mondo e così ci avviamo. Per tutto il viaggio tremo al pensiero di incontrare l'investigatore Bustieri. Che farei se capitasse? Che potrei dire? Per fortuna non succede niente. Parcheggiamo in una via laterale rispetto allo studio medico ed entriamo. Questo posto è a dir poco enorme! Ci sono almeno tre ragazze in camice azzurro, molto gentili e sorridenti, pronte a farci accomodare. Nella sala d'aspetto, proprio in centro, hanno sistemato un tavolinetto pieno di biscottini e una musica di mare in risacca si diffonde tutto intorno, creando in me una piacevole sensazione di benessere.

«Bach» dice la nonna.

«Come?»

«Bach. È sua questa musica!» sembra rapita.

Leonora, invece, pare non accorgersi di nulla. Fissa con gli occhi sgranati i cartelloni appesi al muro: riguardano quasi tutti mamme dell'età della nostra che tengono in braccio bimbi paffuti e sorridenti, oppure che allattano o che posano insieme a un compagno affettuoso che cinge loro la vita con la faccia di chi ha appena conquistato un ricco bottino. Gabriele se ne accorge e tenta di abbracciare mia sorella, che però si alza e va a recuperare una rivista dal cesto di vimini a lato della stanza. Al suo posto, io già me ne sarei andato!

Dopo poco arrivano in sala d'aspetto altre due donne, una delle quali sembra avere inghiottito un'anguria intera. Per fortuna non sono accompagnate dai mariti: uno a zero per noi, stavolta!

Il medico ci fa accomodare quasi subito. È un signore barbuto dall'aria affabile, con un ufficio tappezzato da foto di bambini di tutte le età. Alcuni dei quali si somigliano.

«Li ha fatti nascere tutti lei?»

«Direi di sì» risponde divertito, «in effetti, sono i miei figli.»

«Tutti quanti?»

«Solo sei!» se la ride sotto i baffi. «Però, sì: tutti quanti. O, almeno, così dice mia moglie!»

Poi comincia a fare un sacco di domande a Leonora, che sa rispondere a meraviglia quasi a tutto, tranne a: "Ci sono casi di diabete in famiglia?". Dice che si informerà.

Il ginecologo non commenta il fatto che Leonora sia troppo giovane o altro, e di questo siamo tutti contenti. Poi ci porta in una stanzetta buia e fa sdraiare mia sorella su un lettino coperto da uno strato di carta igienica gigante.

Davanti a noi c'è un piccolo televisore in bianco e nero e uno ancora più piccolo è posto proprio a lato del lettino. Il dottore le spruzza di gel la pancia, che diventa subito come quando hai la pelle d'oca, e chiede se siamo pronti.

Diciamo tutti di sì e quello comincia. Più passa una specie di rullo su e giù sul suo ombelico, meglio si intravede l'immagine.

«Sembra un fagiolo!» esclamo, improvvisamente entusiasta, non so nemmeno io bene di che cosa.

«Eh sì» ammette il dottore. «Mi perdoni...» pare stranamente imbarazzato, «ma da quanto si è accorta di aspettare?» si rivolge a mia sorella.

«Due settimane fa» risponde lei, neutra.

«Da quanto tempo non le arrivavano le mestruazioni?»
«Un paio di mesi, credo. Ma io non ho mai avuto un ciclo molto regolare. Perché?»
«Nulla. Solo che il feto è già ben sviluppato. Direi che siamo al quarto mese avanzato di gestazione.»
Restiamo tutti sbigottiti, nonna e Gabriele compresi. Il medico, invece, pare tornato a proprio agio: «Volete sapere il sesso?».
Mia sorella tace, nonna dice di no e io e Gabriele facciamo di sì con la testa.
«Lei che ne dice, signorina?» domanda a Leonora.
«Va bene» accetta.
Mi fa venire un gran nervoso perché ha preso un atteggiamento come se non le importasse niente di niente. Quasi la questione non la riguardasse e fosse capitata da queste parti per farci un favore.
«Vedete questa piccola virgola?»
«È il pisello?»
«Piantala, Gauss» mi redarguisce Leonora.
«In realtà anche le bambine hanno questa virgoletta. Però normalmente è girata dall'altra parte.»
«È un maschietto! È un maschietto!!!» strillo verso Gabriele, che sta già asciugandosi le lacrime da dieci minuti. Mi strizza l'occhio.
«Sentiamo il cuore!» propone il medico.
In quel momento, per la prima volta nella vita, capisco che cosa sia davvero il sentimento di orgoglio paterno. Guardo Gabriele e mi rendo conto all'istante che non voglio più trovare mio padre, perché nessun padre che abbia assistito a quello che ho appena visto io e se ne sia andato, è degno di questo nome. Chiunque sia, sarebbe una delusione. Come ho fatto a non capirlo prima?
«Nonna», mi avvicino al suo orecchio.
«Dimmi amore, che cosa c'è?»
«Papà sapeva che stavo nascendo?»
«Non è il momento, per favore.»
«Nonna, ti supplico. Giuro che non chiederò nient'altro.»
«Sì» ammette alla fine parlando a voce bassissima: «Sì, Gauss. Quel disgraziato lo sapeva eccome!»

«Grazie nonna», le sono grato in modo totale.

«Vedete?» sta dicendo il ginecologo: «Quelle tese in avanti sono le manine.»

«Le vedo. Le vedo», sento le lacrime bagnarmi la faccia. E prima di rendermene conto, abbraccio il monitor!

Non è la carne né il sangue, ma il cuore
che ci rende padri e figli.

FRIEDRICH VON SCHILLER

«Sapeste che emozione!»

È passata una settimana dalla visita dal ginecologo e ancora non riesco a spiegare come mi sono sentito.

«Lo sai quante volte l'hai già detto?» mi sfotte Azzurra.

«Sedici!» incalza Marika.

«Quanto siete superficiali!» mi risento.

«E dài... scherziamo!»

Lo so che scherzano ma si frequentano da pochi giorni e già sembrano gemelle siamesi. Meno male che Azzurra nemmeno la voleva tra i piedi!

«Coraggio: tirala fuori!» Azzurra mi si avvicina.

«Tirare fuori che cosa?»

«L'ecografia che ti sei fatto stampare! Oggi non l'abbiamo ancora vista. Ci manca!»

«Quanto siete sciocche!», però metto la mano in tasca e mostro loro il fagiolo.

«Ti somiglia un sacco!» salta su Marika.

«È vero!» conferma Azzurra. «A proposito: tieni. Sono riuscita a toglierlo dal fax, ma ho sempre scordato di restituirti questo», mi porge un foglio spiegazzato. Lo riconosco: è quello della mia ecografia!

«Grazie», lo riguardo con più attenzione.

«Che cos'è la vitiligine?» chiede Azzurra all'improvviso.

«Non lo so. Perché ti interessa?»

«Niente di che. Ma sul retro del foglio c'è un appunto» mi informa.

Lo giro e leggo: "Verificare possibile ereditarietà della vitiligine". Riconosco la calligrafia di mia madre.

«Lo so io che cos'è!» salta su Marika. «Ce l'aveva un mio zio!»

«Spara.»

«È una malattia della pelle. Se ce l'hai diventi tutto a macchie caffelatte. È un po' brutta da vedersi, ma non credo sia una cosa ereditaria perché nessun altro in famiglia ce l'ha» conclude, soddisfatta di essersi resa utile.

Tutto intorno a me comincia a girare. Ho caldo e freddo insieme.

«Stai bene, Gauss?» mi chiedono delle voci che sento lontanissime.

«Devo andare» e corro a perdifiato verso la verità.

* * *

«La prego di scusarmi, signora Bruschi.» Non ho mai visto mia madre così furibonda né tanto imbarazzata.

Non ha fatto in tempo ad aprirmi che le ho dato uno spintone e sono entrato a brutto muso nello studio del lemure. Aveva da poco iniziato a lavorare la carie della signora Bruschi, che è saltata letteralmente sulla poltrona al mio ingresso. Mamma, dietro di me, cercava di afferrarmi per la collottola.

Se lo scordasse! Non sarei uscito dalla stanza finché quella merda di Cito non avesse risposto alla mia domanda.

«Qual è il tuo gruppo sanguigno?» gli urlo in faccia.

«Che cavolo...»

«Sei sordo? Ti ho chiesto quale cavolo è il tuo gruppo sanguigno!» Mia madre cerca invano di trascinarmi via.

«A positivo» tartaglia confuso, dopo un po'.

«Sei sicuro? Sei sicuro che non sei AB negativo, invece?»

Sulla parete c'è uno specchio. A stento mi riconosco. Ho gli occhi fuori dalle orbite, la pelle chiazzata di viola per la corsa appena fatta e una patina bianca ai lati delle labbra. Ansimo e mamma mi tiene per le spalle che ancora tremano.

«Certo che sono sicuro, deficiente!»

«Scusi» balbetto, realizzando la terribile, inutile scenata che ho appena fatto. «La prego di scusarmi anche lei, signora Bruschi», sento le lacrime scorrermi a fiotti sulle guance. Il naso cola e la testa mi ronza.

Proprio quando sto per uscire, però, mamma mi trattiene. «Deficiente lui, dici?» si rivolge al dentista con occhi infuocati. «Sei un tale poveretto... mi fai schifo!», si toglie il camice.

Che diavolo sta succedendo, adesso? Non ci capisco più nulla.

«Andiamo, amore!», mamma me lo ordina con una dolcezza tutta nuova. «È stata tutta colpa mia. Ti voglio tanto bene» mi sussurra mille volte quando usciamo in strada, «tanto, tanto bene.»

* * *

Il telefono continua a squillare e nessuno va a rispondere. A me è stato letteralmente vietato di sollevare la cornetta e da un paio d'ore tutti mi trattano in modo superstrano. Credo che la mamma si sia appena licenziata: ha parlato di una crisi di nervi con la nonna, ma non so se si riferisse alla mia oppure alla sua. Sono contento che mamma mi abbia difeso, però stavolta il lemure non aveva torto a dire che sono un deficiente.

«Toc toc» fa mamma con la bocca, visto che la porta è già aperta. «Posso entrare?»

«Sei già entrata», in effetti è così.

«A che pensi?»

«A troppe cose.»

«Vogliamo parlare un po' di oggi?»

«Mamma, ascolta, mi dispiace tanto. Se vuoi telefono io al lemure e gli chiedo che ti riprenda. Non è tanto grave se mi ha detto una parolaccia. Davvero.»

«Amore dolce», mi accarezza e, appena lo fa, le parole cominciano a uscirmi dalla bocca come un fiume che rompe il suo argine.

«Scusami, mamma. È che volevo sapere di mio padre e allora ho preso dei fogli nella cartellina verde e sono andato a parlare con un investigatore, che però non poteva aiutarmi, visto che non sono il primo attore. Poi l'ecografia del nipotino è stata così fantastica che non volevo più avercelo un padre che non mi ha voluto e quando Azzurra mi ha restituito il foglio che era rimasto incastrato nel fax ho temuto che, siccome ha la pelle a chiazze, fosse Cito mio padre e sono venuto di corsa a verificare il gruppo sanguigno» faccio un respiro lentissimo, «ma, per fortuna, non corrisponde!» Finalmente mi rilasso, anche se ho la sensazione che mia madre non abbia capito un gran che.

«Ascoltami, tesoro. Dobbiamo parlare.»

Di nuovo? Non l'abbiamo appena fatto?

«E credo sia giusto che, per affrontare il discorso, ci siano anche tua nonna e Leonora.» Mentre lo dice, quelle due spuntano come funghi coltivati. Sembra una performance teatrale dove l'occhio di bue mette a fuoco uno dopo l'altro gli attori in piedi sul palco buio.

«Mamma, dimmi la verità: sono nei guai?»

«Un pochino, forse. Ma ce la caveremo», mi guarda con la tenerezza con cui Giorgio guarda Azzurra e la cosa non mi piace quanto dovrebbe.

«Oh porca vacca: è per Azzurra, vero?» realizzo all'istante. «Ha davvero quella malattia... la SLA! È così? Sta morendo? Ditemelo subito... la faccenda della zia è una balla? Voglio saperlo. Non potete raccontarmi bugie anche su questo», lo sapevo, me lo sentivo.

«Sta' fermo un minuto!» mi blocca la mamma. «Azzurra non ha niente a che vedere con quello che è successo oggi. Però, visto che sei entrato nel discorso...»

Ecco: adesso arriva la mazzata!

«In effetti, volevo parlarti anche di questo, sì!»

«Dimmi.»

«Azzurra sta guarendo molto bene: hai visto che non cade quasi più.»

«Infatti.»

«E il prossimo anno è giusto che torni a scuola.»

«Certo.»

«Bene. Però suo padre pensa che dopo tutto quello che ha passato abbia bisogno di allontanarsi da qui. Lo capisci?»

«No. Però è inutile che vai avanti perché so già che quest'estate andrà via.»

«Potrebbe anche fermarsi un po' in Francia.»

«Vuoi dire per più di tre mesi?», ho un nodo alla gola.

«Sì, tesoro. Potrebbe» mi accarezza i capelli, «ma non è detto.»

«Lei lo sa?»

«Sa una parte della storia. E ti prego di comportarti dall'adulto che ormai sei e di non farle nessun accenno a questa faccenda. Intesi?»

«Omettere non è mentire» dico a me stesso, ma ad alta voce.

«Esatto» mamma si rallegra per qualche secondo, «spero la penserai ancora così quando avrò finito di raccontarti la tua storia.»

* * *

«Non è possibile! Ha detto di essere A positivo.»

«Lo so.»

«E tu sei 0 positivo, giusto mamma?»

«Sì amore, è così.»

«Allora non è possibile che sia mio padre, perché io sono AB negativo, che è anche abbastanza raro: uno dei due genitori deve avere il mio stesso gruppo.»

«Lo so» le trema la voce.

«Allora il lemure ha mentito!», tra poco urlo.

«No, Gauss» mamma abbassa la testa e nonna Olimpia le circonda le spalle con il braccio, «non l'ha fatto!»

Mi osserva con uno sguardo indecifrabile: «Sono stata io».

«Mamma, no...» Leonora cerca di impedirle di continuare, ma non ci riesce.

Non ci capisco più niente.

«Tesoro mio...» comincia, ma mia sorella la prende per un braccio.

«Mamma ti prego, non lo fare.» E adesso? Perché diavolo Leonora piange?

«Mi volete spiegare, una buona volta?» Sembra di stare in una scena di "Un posto al sole".

«I figli sono di chi li cresce, non di chi li partorisce» dice la nonna.

«È così», la mamma mi prende addirittura in braccio. Mi stringe fortissimo e affonda la faccia nel mio collo sudato: «Giuro su Dio che per me sei e sarai sempre il mio bambino».

* * *

Se avessi dietro il quaderno delle scoperte ci segnerei questa qui: "Ho appena scoperto che dieci anni fa, pur essendo sposato, quello schifoso del lemure ha messo incinta una ragazza appena maggiorenne e si è fatto ricattare per mesi affinché lei non spifferasse tutto alla moglie. La ragazza voleva abortire, ma era già al quarto mese e in Italia sarebbe stato illegale. Io all'epoca ero solo un fagiolo con le manine, come quello che ha in pancia mia sorella, così mamma le ha offerto dei soldi perché non mi buttasse nel cassonetto dei rifiuti di una qualche clinica e quella ha accettato! Mia madre mi ha venduto per diciotto milioni delle vecchie lire. Il mio prezzo è una cosa tipo novemila euro".

«Chissà se con il tempo ho preso valore come fanno le case o mi sono deprezzato come le automobili?»

Non so se sia peggio scoprire che il lemure è mio padre o che mia madre non è mia madre. Il che non rende mia nonna meno nonna, ma mia sorella molto meno sorella. E la cosa, sorprendentemente, non mi piace. Soprattutto, però, il nipotino non sarà mai più il mio nipotino.

L'unico legame di sangue ce l'ho con la sola persona al mondo che mi fa schifo, sinceramente.

«Non fare così, ti prego», mamma è stravolta. Cioè, quella che è stravolta è Genna. O Matilde. Perché adesso mia madre non è lei, ma una povera cretina peggio di mia sorella e nella gara di parolacce non mi offenderò più se qualcuno mi dirà "figlio di puttana". Nemmeno se lo dicesse Orioli.

«Vattene via» sibilo, «andatevene via tutte e tre.»
«Ti prego.»
«Vaffanculo tutte e tre» urlo fortissimo e le spingo più che posso perché escano da quella porta. La nonna per poco cade ma non me ne importa. Non prendo nemmeno uno schiaffo piccolo piccolo ma, tutto sommato, anche se arrivasse, non so se lo sentirei. E domani c'è pure la recita!

Come grandine ti torna decisa,
la freccia che scocchi a ogni vittima uccisa.

CARLO BAIOCHI

Ho minacciato le tre donne con cui vivo: se oseranno venire in teatro farò irruzione sul palco, mi impossesserò della scena e racconterò a tutti come sono arrivato qui e perché. Hanno accettato, sempre frignando in coro, di restare a casa. Mi hanno concesso di fare altrettanto, se non me la fossi sentita. Che gentili!

Salgo le scale del teatro che non sono nemmeno più io. È proprio buffo che accada nell'unico momento della mia vita in cui dovrei sapere chi sono. Invece no. Gauss Cito, però, mai! Oltre al danno, la beffa: "Cit" in piemontese vuol dire "basso", poteva andarmi peggio di così? Ora capisco come si dev'essere sentito il ginecologo di mia sorella per tutta la sua vita, chiamandosi Ettore Ficarosa. Un destino nel nome. Anzi, nel cognome. Se non altro lui si occupa di far nascere le persone. Io che dovrei fare? Farmi assumere come nano da giardino?

«Ciao Gauss!» Azzurra e suo padre mi intercettano dietro le quinte. «Sei nervoso?» mi chiedono, abbracciandomi a turno.

«Un po'» ammetto, «non tanto.»

«Non fare quella faccia: andrai alla grande!» Giorgio è carino a dire così. Evidentemente non sa nulla. Per la prima volta nemmeno Azzurra sa e questo crea tra noi una distanza involontaria. Quando sarà tutto passato le racconterò, ma non adesso. Si può tacere per il bene di qualcuno? Si può comprare una vita per evitare che si sprechi? Per le donne della mia famiglia, sarò almeno stato un investimento decente?

«Non ho visto tua madre: è già in sala?»

«Non credo che verranno» avvampo. «È solo una stupida recita.»

«Gauss, che hai?» Azzurra mi si avvicina di un passo e io prego che resti lì dov'è o rischio di scoppiare in lacrime.

«Ottimo!» Per fortuna Marika compare all'improvviso alle mie spalle e mi prende per mano. «Io sono pronta», ha un lenzuolo bianco addosso e ripete: «*Miserere mei, miserere mei*», come se il senso di quelle parole fosse "abracadabra abracadabra".

«Davvero tuo padre non ti manca mai?» le chiedo a bruciapelo.

«No. Non molto» mi sorride. «Mi mancherai tu come compagno di banco il prossimo anno, però.»

«E smettila... vedrai che recuperi.»

«Ho deciso di no» risponde.

«Non vuoi essere promossa?»

«No. Preferisco ricominciare tutto da capo. Con calma» sorride, «andiamo?»

«Andiamo!»

Mi prende per mano e mi porta sul palco, sotto una pioggia scrosciante di applausi.

«Genitori... amici...» attacca la direttrice Pani dal centro del palco «sono davvero felice di annunciare l'inizio di uno spettacolo speriamo bello e siamo certi anche buono. Le vittime dell'eternit...» Parla almeno un quarto d'ora con tutte le classi dietro le sue spalle sull'attenti.

Mi prude il naso. Come hanno potuto farmi una cosa simile? Io non ho più la mia mamma. Se non avessi chiesto nulla sarebbe stato meglio, perché avere una mamma è meglio di avere un papà e quella che avevo io mi piaceva.

Mi piaceva anche avere Leonora come sorella: lo capisco solo adesso che non è più così. Niente sarà mai più come prima. Io sono solo. Sono solo adesso. Sono solo e con un padre coglione. Un padre coglione e una madre che... lasciamo perdere! Sarò destinato a diventare pure io marcio come loro.

I geni non perdonano e il sangue non mente, altro che storie. Se non avessi avuto questa fissa per la verità adesso sarei felice. Più felice di così di sicuro, perché più triste non lo sono mai stato.

Era meglio se morivo. Forse anche il nipotino era meglio se non lo tenevano. Non lo so più. Non so più niente, a parte che ci stanno facendo rientrare in fila indiana dietro le quinte per cominciare lo spettacolo e che Orioli, vestito con una ridicola salopette di jeans, mi passa davanti impettito e mima con la bocca: «In sala c'è tua sorella? Dille che appena finisco qui vado a farmi fare un pompino».

«Che cos'è un pompino?» chiedo a Marika.

«È quando una ragazza prende in bocca il pisello a un ragazzo.»

«Che schifo! E perché dovrebbe fare una cosa del genere?»

«Non ne ho idea.» Fa spallucce: «Dài, adesso andiamo, tra un minuto tocca a te».

Al piano di sopra, proprio all'altezza del palco, c'è una specie di solaio che lo sovrasta. È un solaio pieno di corde e da lì si muove il tendone che apre e chiude gli spettacoli. Ci sono stato una volta sola, quando ci hanno portati alla visita guidata, e poi mai più perché è pericoloso. Non so nemmeno quello che sto facendo quando dico che devo andare in bagno e invece mi ci arrampico sopra. Non avevo premeditato niente e, forse, se non avessi visto il manichino di Marika buttato lì come un morto, non mi sarebbe mai venuto in mente di fare ciò che ho fatto.

Vedo Orioli tutto solo, al centro della scena, che fa il suo monologo piatto e senza nessuna interpretazione. Penso a mia sorella che fa quella cosa disgustosa con tutti: con Gabriele, con Orioli... persino con me. Non credo avrò mai più la forza di guardarla senza che mi venga da vomitare. O forse è solo una scusa per giustificare la nausea che ho verso tutte loro. Verso tutti quanti.

Quello che viene dopo è facile: non so chi ce l'abbia messo ma il manichino è proprio lì... a due passi dal vuoto. Gli stacco la testa e la tiro giù di sotto, fortissimo. Senza nemmeno pensare alle conseguenze. Del resto, evidentemente, è di famiglia.

Poi scappo. Scappo più veloce della luce. Nessuno mi vede. Nessuno mi ferma. Proprio come in un film, dove anche le cose più improbabili possono succedere.

O le cose le comprendo subito oppure
desidero non comprenderle affatto.

GIAMMA

Sono appena arrivato ai giardinetti dell'half-pipe quando sento un'ambulanza a vele spiegate passarmi dietro le orecchie. Sta andando al teatro, lo so.

«Gauss!» Morgan mi chiama da una panchina non lontana. Non l'avevo neanche visto.

«Che ti succede?» Mi si avvicina con una cosa puzzolente in mano che sembra una sigaretta di quelle che si fabbricano da soli. Fa molto caldo, si sentono i grilli già alle dieci di mattina. «Hai una faccia...»

«Me ne dai un po'?» Ma sì...

«Di questa, dici?»

Faccio di sì con la testa.

«Ma sei matto?»

«Forse.»

«No, non te la do. Hai dieci anni: sei troppo piccolo.»

«Ho appena ammazzato un compagno di classe» gli urlo, «dammela, ti ho detto» e mi butto addosso a lui. Voglio fare a botte. Spaccargli la faccia.

«Ma vuoi stare fermo?», mi tiene con le braccia, e senza nemmeno fare troppa fatica. Per forza: è il doppio esatto di me e ha un sacco di muscoli, anche se non si vedono a occhio nudo.

«Vaffanculo pezzo di merda» strillo ancora più forte.

«Di', stronzetto, non so che ti prende ma se vuoi fare a botte va bene.»

«Lasciami.»

Mi lascia e io gli ficco una testata nello stomaco. Morgan butta la cicca e «Te la sei cercata» dice, appena prima di farmi nero.

«Grazie» ansimo quando non sono più in grado di alzarmi da terra.

«Prego» mi tende la mano, «allora, dimmi: cos'è questa storia del compagno ammazzato?»

«Anche mia madre è una troia, sai?»

«Poveretta. Mi dispiace», mi mette un braccio sulle spalle. «Avanti... racconta.»

* * *

Non fumerò mai più. Fumare fa schifo. Fa vomitare. Ho fatto solo due tiri e già sono convinto che siano stati la più grande stronzata della mia vita. Morgan ha detto che, vista la situazione, me li sono meritati. Poi mi ha raccontato la sua storia, che è persino peggio della mia. Almeno, a me, il lemure a strapparadicchio non mi ci ha mai messo. È una merda lo stesso, ma non una merda strisciante quanto il patrigno di Morgan.

Ho scoperto più cose in questi giorni che in tutta la mia vita: appena arrivo a casa voglio bruciare tutti i quaderni ché tanto non servono a niente, perché quello che impari poi non lo dimentichi più anche se non lo rileggi mille volte.

Ho sentito l'ambulanza, la macchina della polizia, le voci della mia ex madre e della mia ex sorella che urlavano il mio nome e persino Giorgio e Gabriele sono passati di qui. Li ho sentiti da sdraiato sotto un cespuglio e non ho risposto. Il lemure per fortuna è rimasto nel suo studio di merda. Devo imparare parolacce più creative per il prossimo anno: merda, coglione e vaffanculo sono già talmente sentite che non fanno più effetto. Pecorina e pompino me le tengo, ma restano sempre troppo poche.

È mezzogiorno passato, Morgan è tornato a casa e io qui da solo non so proprio cosa fare. Così mi alzo e torno alla mia ex vita, sapendo che in ogni caso non ne ho una migliore come piano di riserva.

* * *

«Gauss!» urla mia madre quando mi vede. Poi corre ad abbracciarmi e mi annusa: «Hai fumato?».

«No» mento. Visto che la verità mi fa schifo, da oggi in poi dirò solo più bugie.

«Mi dici dove sei stato?», piange come una vitella.

«È morto?»

«Chi?»

«Orioli. È morto?»

«Di che cosa stai parlando?»

«Non ti hanno chiamato quelli della scuola?», sono davvero confuso.

«No. Io ero lì e a un certo punto la testa di un manichino è piombata sul palco e tutti hanno riso. Pensavamo fosse stato fatto apposta per far spaventare anche il pubblico. Il tuo compagno si è spaventato di certo, però è stato bravo: è andato avanti lo stesso.»

«Da morto?»

«Perché dovrebbe essere morto?»

«Per via della testa del manichino.»

«È caduta dal lato opposto del palcoscenico. Ha fatto solo rumore. Si può sapere che ti prende?»

«Niente.»

«Allora perché te ne sei andato in quel modo?»

«Per rovinare lo spettacolo.»

«Perché hai voluto fare una cosa del genere?»

«Perché sì. Tu hai rovinato la mia vita, ce l'hai una spiegazione? E non dirmi che me l'hai salvata perché non è vero!», ho di nuovo voglia di fare a botte.

«Ce l'ho io la spiegazione» dice la nonna. E mi trascina davanti alla televisione.

Leonora e mia madre la guardano accenderla, abbassare il volume e mettere i cartoni animati.

«Vieni qui, Gauss.»

Mi siedo accanto a lei e guardo le immagini muoversi sullo schermo per venti minuti buoni, senza capire.

«E allora?» domando. «Non hai detto niente.»

«Che cosa vedi, Gauss?»

«Tom e Jerry che si rincorrono.»

Cambia canale: «E adesso?».

«Una televendita.»

«E ora?», cambia di nuovo.

«Una partita di calcio?»

«Esatto. Questo è il motivo per cui ti abbiamo voluto con noi» dice soddisfatta a un certo punto.

«Nonna, ma questa non è mica una spiegazione sensata!»

«E secondo te quello che hai appena visto sì?» mi sorride. «Le persone fanno delle cose. Non pensano continuamente al perché. Le fanno e basta. Perché in quel momento gli sembra la cosa migliore. Di solito ci sbagliamo ma qualche volta, come nel tuo caso, si fa qualcosa di veramente buono» mi abbraccia fortissimo. «Cosa che in tv non succede quasi mai.»

Non smettere mai di sognare, solo chi sogna può volare!

PETER PAN

«Ti vuoi sbrigare, per cortesia?», sono davanti al bagno da venti minuti, ma mia sorella non vuol saperne di uscire.

«Un attimo!»

«Allora conto fino a uno. UNO! Ecco fatto.»

«Sei un rompicoglioni: te l'hanno mai detto?»

«Sì, certo. Tu. Tutti i giorni!», le riconsegno il nipotino che, per fortuna, non si sveglia. È l'unica cosa positiva legata al fatto che quel disgraziato abbia invertito il ciclo sonno-veglia.

«Dov'è mamma?»

«Sotto, con tuo marito.» La guardo: «A proposito: sei bellissima!».

«Cos'è, hai deciso di ricominciare con le balle?», mi dà un bacio sulla fronte e lascia libero il passaggio verso il wc: me la sto facendo addosso.

Tutte le volte che entro in bagno non riesco a evitare di guardarmi allo specchio almeno cinque minuti e pregare di non cominciare a somigliare a mio padre. Una smorfia di disgusto mi si dipinge sul viso e la vitiligine non ha niente a che vedere con questo. Col lemure ho anche provato ad avere un rapporto, ma un idiota resta un idiota, giusto?

La verità è che, tra le mille perle di saggezza di nonna Olimpia, nessuna è mai stata vera come quella che suggerisce di non chiedere mai nulla di cui non si voglia veramente avere una risposta. Ed è per questo che, all'idea di domandare qualcosa di più sulla mia madre biologica, ora come ora rabbrividisco. L'altra mia madre mi ripete fin troppo spesso che, qualora ne sentissi l'esigenza, mi aiuterebbe a rintracciarla. Forse un giorno... chissà? Ma non subito. Adesso il pensiero di ricominciare tutto da capo... di preoccuparmi di cercare qualcuno per poi scoprire, che ne so... cosa si può scoprire peggio di quello che ho già scoperto?

Tornassi indietro? Mah... forse lo rifarei. Insomma: è stato anche il momento in cui ho recuperato davvero il senso di essere parte di una famiglia. Di questa famiglia qui. Che, al di là di tutto, resta la mia.

Da un po' non riesco a smettere di abbracciare tutti i membri, specialmente Pietro, mio nipote. Perché lui è mio nipote e io suo zio! I legami sono importanti anche quando il sangue non c'entra. "I figli sono di chi li cresce, non di chi li fa." Finalmente ho capito come mai non smettevano di ripetermelo. Prima di morire la nonna mi ha fatto una testa così sull'argomento e per la prima volta mi sento più che mai parte di questa gabbia di matti. Mi guardo intorno: tutto sembra così uguale e invece è così tanto diverso. Persino gli odori, i rumori e l'atmosfera sono diventati altro. Non tutto crescendo peggiora: aveva ragione lei, come sempre. Però adesso che i vasetti di basilico sono appassiti da un pezzo e il cibo della mamma ha sostituito il suo, non credo riuscirò mai a rassegnarmi all'assenza della mia nonna. La mia nonna. Mia, mia, mia! Volevo gridarglielo che era mia e che doveva rimanere a proteggermi. Per un paio di giorni sono stato arrabbiatissimo con lei per avermi lasciato. Poi ho trovato un appunto sul calendario, nel giorno del mio compleanno. Diceva: "Cucù, amore: sono qui. Proprio dietro di te. Cerca di non dimenticarlo o la notte vengo a tirarti i piedi fino a farti allungare di mezzo metro così la smetti di lamentarti!". Sembrerà strano ma da quel momento non ho mai smesso di sentire il suo profumo di acqua di rose né il suo passo pesante sul pavimento del supermercato. Ogni volta che sento un carrello della spesa trascinato sul pavimento di DiMeglio penso che non c'è niente "di meglio" al mondo di una nonna.

Siamo sinceri, anche le sorelle in fin dei conti non sono male come pensavo.

A proposito: per smetterla di litigare con tutta la famiglia di Gabriele, la mia se l'è sposato e ha anche deciso di battezzare Pietro.

Siccome sono minorenne non mi hanno fatto fare il padrino, però mi sono battezzato anch'io con mio nipote e il prossimo anno farò la comunione e la cresima, perché con tutto quello che mi è successo ultimamente ho deciso che preferisco credere in Dio, nei santi e soprattutto nell'angelo custode ché ne ho proprio bisogno! Se poi non esistono, pace. Resta il fatto che non si sa mai...

Marika è sempre a casa nostra, perché alla fine ci hanno bocciati tutti e due (a lei per il rendimento scolastico e a me per la condotta: ho confessato che l'incidente del manichino non era stato proprio un incidente) e adesso studiamo insieme e cambiamo pannolini scacazzati. È diventata brava a fare la babysitter. Pur di vedermi contento si lascia strappare i capelli e scacazzare da Pietro sui vestiti di H&M. Il che ha dell'incredibile, perché ora Marika è una vera maniaca dell'igiene: non le si trova una caccola nel naso nemmeno a pagarla.

Azzurra ha rifatto anche lei la quinta elementare, ma in Francia, dalla zia. Ci scriviamo più o meno una volta alla settimana, ma mi manca sempre un sacco. Sarebbe stato bello averla qui per la recita di fine anno (stavolta la faremo nella palestra della scuola, per fortuna), ma suo padre non crede di riuscire a organizzarsi in tempo. Comunque non importa perché sta per tornare a vivere qui e la prima media la cominceremo tutti e tre insieme.

«Gauss!!!», la voce di mamma mi strappa allo specchio con prepotenza. «Ti stai facendo la barba?» Sento che di sotto qualcuno ride.

C'è poco da fare gli spiritosi: la barba non mi è cresciuta, in compenso sono cresciuto io; non di venti centimetri, ma di tre e mezzo sì... e non è poco!

Quando scendo ci sono tutti: la mamma indossa un vestitino color melissa (non sapevo nemmeno che cosa fosse la melissa, prima d'ora, figuriamoci che colore potesse avere) e i tacchi bassi. Vicino a lei ci sono Leonora, dimagrita e senza trucco, con suo marito Gabriele, in doppiopetto blu.

In braccio a lui c'è la nonna. In un contenitore di bronzo a forma di Barbapapà. Appena lo vedo sento una stretta alla gola: so che non ha sofferto e che ci ha salutati tutti prima di andarsene. Ha fatto anche in tempo a vedere il bisnipote (il quale ha fatto in tempo, a sua volta, a battezzarla con un possente rigurgito post pappa).

Io non sono stato l'ultimo a piangerle addosso e a farsi consolare da lei, ma sono quello che l'ha sentita dire qualcosa che custodirò nel mio cuore per sempre.

«Ricordati, amore mio, che la televisione fa schifo! Leggi. E scrivi. E quando sei troppo stanco di queste due cose trova una ragazza e amala con tutto te stesso. Perché – parola della tua nonna – non hai davvero nessun talento in mano migliore di questo.»

«Andiamo?», mamma sorride. «Per arrivare al mare ci vogliono almeno due ore e Dio solo sa quanto impiegheremo a scegliere il punto giusto: non voglio spargere mia madre in un posto a casaccio!»

Gabriele ci restituisce la nonna e si avvia. Prima di raggiungere la porta, mia madre mi chiama.

«Dimmi.»

«Avevo scordato di dirti che ieri è arrivata questa», mi porge una busta rosa e usciamo tenendoci per mano.

Quando entriamo in macchina, la apro e leggo.

Caro Gauss,

devo assolutamente dirti una cosa. Ieri notte ho fatto di nuovo quel sogno. Mio padre mi accompagna alle giostre e sale con me sulle catene. Sono tesissima: mille volte ho tentato di prendere la coda di coniglio, ma sono sempre troppo piccola, ho paura di cadere, non la raggiungo mai. Ora però sento che è arrivato il mio momento. Lascio che un signore mi assicuri al seggiolino e che mio padre si sistemi sul sedile dietro il mio, pronto a lanciarmi nel vuoto. Tu resti a terra con Marika, che ti tiene la mano e ti incita a fare il tifo per me. Io fisso la coda di coniglio che penzola in alto, pronta a essere afferrata da una mano lesta. La mia. La musica è assordante, la giostra si mette in moto. Sono l'elastico di una fionda. Il seggiolino oscilla al vento e io sento la terra staccarsi sotto le mie scarpe da ginnastica. Giro due, cinque, dieci volte prima di raggiungere la giusta altezza e, a quel punto, papà mi lancia con tutta la forza delle sue gambe verso la meta.

Tendo prima la mano, poi tutto il corpo: se la barra di protezione si alzasse adesso finirei sfracellata al suolo e pensarci mi mette addosso un brivido di eccitazione. "Vai... vai..." urla mio padre, mentre come un razzo raggiungo la coda di coniglio. Sento il pelo accarezzarmi il palmo: è più ruvido e stopposo di quanto mi aspettassi. Stringo gli occhi e la mano. Ci sono... è mia. È mia! In quel momento, la musica finisce e sento distintamente, da una manciata di metri sotto, Orioli che urla: "Attenta amore mio: ti si vedono le mutande!".

Istintivamente serro il pugno più forte.

La coda di coniglio è stretta nelle mie mani e, un attimo dopo, sradicata dal gancio al quale era appesa. La giostra continua a girare mentre la gonna a balze che mi ha infilato la mamma stamattina si solleva al vento sbattendomi sulla nuca e lasciandomi scoperto il sedere.

Non sono mai stata così felice!

P.s.: Complimenti: ho saputo che quest'anno la parte di Peter Pan l'hanno affidata a te.

Ringraziamenti

Grazie in primis a mia madre, che meritava mille volte che le dedicassi questo libro, non fosse altro (e molto altro c'è!) perché senza di lei io non esisterei, letteralmente. Spero che senta quanto la amo anche se non l'ho scritto in prima pagina.

A Maria Paola Romeo, Antonio Franchini, Giulia Ichino, Serena Bellinello e Susanna De Guio che hanno creduto in me e hanno saputo aiutarmi a trasformare un bambino di carta in un libro vero. Grazie naturalmente anche a Manuele Scalia che in uno scatto ha detto tutto.

A Paola Pisano, angelo custode piombato tra le mie pagine in modo fortunoso e inaspettato come solo le più belle sorprese sanno fare.

Grazie a Giovanni, Lorenzo, Franceschina, Chiara, Elisa, Leonardo e a tutti i bimbi che hanno ispirato il carattere di Gauss, di Azzurra e degli altri piccoli protagonisti.

Grazie alla mia famiglia (sì, Stefano, dico soprattutto a te!), alle amiche di sempre e a quelle nuove che, da quando mi sono trasferita a Casale, mi hanno accolta, consigliata e accudita con amorevole cova. Cinque su tutte: Vita, Simona, Giulia, Betty e Alessia.

Un grazie particolare al dottor Fabio Papili per aver corretto tutti i miei strafalcioni medici e a tata Sara che probabilmente ha ancora il mio primo libro chiuso sul comodino, ma che mi permette di trovare il tempo per scrivere quasi ogni giorno.

Grazie, ovviamente, ai miei lettori.

E grazie, infine, alle tante persone che non ho citato (per farlo mi servirebbe un altro libro) ma che non si offenderanno di certo perché sanno che porto ognuna di loro nel cuore, ogni giorno

Arnoldo Mondadori Editore S.p.A.

Questo volume è stato stampato
presso Mondadori Printing S.p.A.
Stabilimento Nuova Stampa Mondadori - Cles (TN)

Stampato in Italia - Printed in Italy

Karl Enderle
Katja Hubich
Melanie Hanselmann

Botschaft der Liebe

Ansprachen zur Trauung

echter

Wir danken allen Ehepaaren
für die Zustimmung zur Veröffentlichung.
Einige Namen wurden auf Wunsch geändert.

Bibliografische Information der Deutschen Nationalbibliothek

Die Deutsche Nationalbibliothek verzeichnet diese Publikation
in der Deutschen Nationalbibliografie; detaillierte bibliografische
Daten sind im Internet über <http://dnb.d-nb.de> abrufbar.

www.echter-verlag.de

Gestaltung: Peter Hellmund
Umschlagbild und Bilder im Innenteil: Katja Hubich
Reproduktionen: Christa Thoma, Friedrichshafen
Druck und Bindung: Druckerei Theiss GmbH, A-9431 St. Stefan

ISBN 978-3-429-03500-6

Vorwort

Unsere Lebensentwürfe sollen gelingen. Dafür können wir Gottes Hilfe erbitten.
Wenn Mann und Frau einander heiraten, sind sie sich einig geworden, was sie unter Ehe verstehen. Bei der Vorbereitung zur kirchlichen Trauung wird ihnen das Eheverständnis der Kirche vermittelt. Deshalb geht es im Traugespräch um einen Konsens im dreifachen Sinn. Stimmen das Eheverständnis dieses Mannes und dieser Frau mit dem überein, was die katholische Kirche unter einer christlichen Ehe versteht? Gebunden an das Wort Jesu und dem Evangelium verpflichtet, bietet die Kirche die Perspektive des Glaubens an, dass die Liebe Christi als Grund und Quelle für jeden Menschen unwiderruflich ist. Die Gemeinschaft mit ihm durch das Sakrament der Ehe gewährleistet eine tragende Zuversicht für eine glückliche Lebensgemeinschaft zwischen Mann und Frau bis zum Lebensende, nach dem wir die Vollendung erwarten dürfen.
Ehe möchte mit allen Sinnen begriffen werden: Katja Hubich und Melanie Hanselmann bringen auf ihre Weise, im Bild und in der Musik, die vielfältigen Gesichtspunkte der Ehe zum Ausdruck. Wie schon bei „Botschaft des Trostes" gelingt es Katja Hubich, eine Entsprechung zum Text der Trauung ins Bild zu bringen. Melanie Hanselmann interpretiert dazu klassische und moderne Hochzeitslieder. Die Festlichkeit der Musik bringt die Herzen in Schwingung. Mit ihrer Stimme macht sie hörbar, dass Liebe ein unverfügbares Geschenk ist, das immer wieder neu übersetzt werden will. Auf dreifache Weise – im Wort, im Bild und im Gesang – will dieses Buch die Liebe Christi verkündigen.

Karl Enderle

Inhalt

8 **Brücke im Wort**
Jesaja 7,13–14 (Eckhard und Julia Heinold)

12 **Perspektive bewahren**
Johannes 3,14–17 (Thomas und Angela Hirsch)

16 **Gefüllter Kelch**
Jesaja 55,8–11 (Stefan und Carolin Bezelberger)

20 **Vermählung und mehr**
Matthäus 14,13–21 (Matthias und Anna Ciupke)

24 **Mächtige Brückenpfeiler**
Kolosser 1,15–20 (Peter und Heidrun Weber)

28 **Lichte Herzensweite**
Johannes 19,33–37 (Peter und Edith Neher)

32 **Segensreiche Wolke**
Markus 9,2–10 (Siegmund und Erna Piontek)

36 **Liebevolles Du**
Johannes 17,18–26 (Werner und Monika Lang)

40 **Störungsfreie Annahme**
Markus 4,30–32 (Harald und Elke Roos)

44 **Eindrucksvolle Handschrift**
Matthäus 28,16–20 (Robert und Maria Kalikovsky)

48 **Persönliche Kommunion**
Johannes 15,12–17 (Jaroslav und Natalya Weisner)

52 **Volle Investition**
1 Korinther 13,1.4–8 (Björn und Violeta Müller)

56 **Gasthaus der Gnade**
Lukas 24,13–16.28–35 (Johann und Katharina Strack)

60 **Gefäß der Liebe**
Kolosser 3,14–17 (Christoph und Diana Heß)

64 **Siegel aufs Herz**
Hohelied 1,15–2,3;7,11–14;8,5–7 (Lukas und Zuzanna Koschny)

68 **Vollendung im Blick**
Offenbarung 21,1–3 (Stefan und Verena Theobald)

72 **Ewige Verbundenheit**
Kolosser 3,12–14 (Robert und Elfriede Riedel)

76 **Herz am Ohr**
1 Korinther 3,21–23 (Kai und Kerstin Becker)

80 **Zwei in eins**
Genesis 2,18.21–24 (Frank und Viviane Klaiber)

84 **Im richtigen Film**
Epheser 5,1–2.21–32 (Erich und Annelore Giesel)

88 **Geschichte machen**
Epheser 3,14–21 (Nikolai und Julia Schneider)

92 **Vertrauensvolle Weichenstellung**
2 Petrus 1,16–19 (Tobias und Anja Klenk)

96 **Unwiderrufliches Ja**
2 Korinther 1,17–22 (Wolfram und Katja Lay)

100 **Spontane Behandlung**
Matthäus 19,3–6 (Michael und Sophia Kienzler)

104 **Voll aufgeblüht**
Hohelied 2,10–13;8,5–7
(Lars-Henrik Meyer-Winter und Ulrike Tanja Winter)

108 **Weiter Raum**
Hosea 2,21–22 (Alexander und Andrea Wolf)

Brücke im Wort

Da sagte Jesaja: Hört her, ihr vom Haus David! Genügt es euch nicht, Menschen zu belästigen? Müsst ihr auch noch meinen Gott belästigen? Darum wird euch der Herr von sich aus ein Zeichen geben: Seht, die Jungfrau wird ein Kind empfangen, sie wird einen Sohn gebären, und sie wird ihm den Namen Immanuel – Gott mit uns – geben.

Aus dem Propheten Jesaja 7,13–14

Neun Jahre brauchte Ihre Beziehung, um zur Ehe auszureifen.
Liebe Julia, lieber Eckhard, heute ist für Sie beide der Tag gekommen, an dem Sie „nach reiflicher Überlegung" Ihre Beziehung nach außen kundtun – mit einem verbindlichen Ja vor Gott und den Menschen.
Angefangen hatte alles auf einer Party bei Freunden, als Sie sich kennengelernt haben. Die Initialzündung in Ihren Herzen hat das Feuer der Liebe entfacht. Anschließend haben Sie sich immer wieder getroffen und „das Feuer der Liebe geschürt". Gott, der Herr, hat von Anfang an seinen Segen dazugegeben, das wird heute offenbar. Offensichtlich trauen Sie sich nun, sich trauen zu lassen. Mit der kirchlichen Hochzeit heute legen Sie die „Reifeprüfung" der Liebe ab.
„Auch mit!", gehört zum ersten Wortschatz eines Kleinkindes. Es sind grundwichtige Worte, die unser Menschsein bestimmen: Ich möchte mitkommen, dabei sein und dazugehören. Meistens streckt das Kind dann die Hand aus zu Mutter, Vater oder zu den Geschwistern. Wird dieser Wunsch erfüllt, ist die Welt in Ordnung.
Damit wir alle in dieser Grundbefindlichkeit glücklich werden, wurde Gott einer von uns: „Seht, die Jungfrau wird ein Kind empfangen, sie wird einen Sohn gebären, und sie wird ihm den Namen Immanuel – Gott mit uns – geben." Gott selbst wurde Mensch, damit uns bewusst wird, wie sehr er mit uns ist.

Das ist die zentrale Botschaft des Christentums. Wir sind eingeladen, „auch mit“ zu Gott zu kommen.
Nach neun Jahren des Kennenlernens sind Sie, liebe Julia, lieber Eckhard, jetzt gleichsam hier vor Gott angekommen. Am Traualtar strecken Sie Ihre Hände nach Gott aus, verbunden mit dem Wunsch: Gott, du hast uns zusammengeführt. Wir haben dich gespürt während unseres bisherigen Weges. Gott, bleibe bei uns, dass wir mitkommen können!
Gott hat seinen geliebten Sohn gesandt, deshalb ist Ihre Bitte erhört. Der neue Bund Gottes mit den Menschen wird durch ihn offenbar: „Ich habe euch alles mitgeteilt, was ich von meinem Vater gehört habe“ (Joh 15,15). In seinem Wort gibt er sich uns zur Hand.
Diese Mit-Teilung Gottes in Jesus von Nazaret ist abgrundtiefe Liebe. Sie umgreift selbst das tiefste Leid des Menschen, wenn wir auf das Kreuz schauen. Die Erlöserliebe Christi ist stärker als der Tod. Diese „Liebe ist das Band, das alles zusammenhält und vollkommen macht“ (Kol 3,14). Sprechendes Symbol dafür ist der Ring an der Hand.
Nach sieben Jahren Ihrer Partnerschaft musste etwas Neues kommen. Vor zwei Jahren haben Sie einen Ausflug nach Venedig gemacht. Beide hegten Sie in Ihrem Herzen die Absicht, sich zu verloben. Diese innere Gewissheit war inzwischen sehr groß geworden. Spät abends machten Sie einen Spaziergang durch die Straßen und Gassen von Venedig, mittlerweile war es sehr spät geworden. Auf der Rialto-Brücke sah Eckhard die Gelegenheit gekommen, holte die Verlobungsringe hervor und machte Julia den Antrag – „in doppelter Ausführung“, denn der liebe Gott war dabei – wie heute! Diese Verlobungsworte nächtens miteinander einsam auf der Rialto-Brücke in Venedig haben die Brücke von Herz zu Herz geschlagen.
Liebe Hochzeitsgäste! Heute wird diese Brücke offiziell eingeweiht.
Liebes Brautpaar, Ihre Lebensgemeinschaft in der Ehe wird Gott geweiht. Die Ehe ist wie eine Brücke zueinander; die tragenden Pfeiler bestehen aus der inneren Gewissheit füreinander. Diese ist nunmehr so entscheidend und tragend geworden, dass sie für das ganze Leben verbindet und trägt. Die tragenden Elemente bestehen aus Güte, Demut, Milde, Ge-

duld, Erbarmen und Vergebung. Woher nehmen wir diese Eigenschaften, wenn nicht aus der Lebensmitteilung Gottes, die uns in Jesus Christus offenbar wurde? Im Sakrament der Ehe stehen Sie immer auf dieser Brücke, die von Jesus Christus getragen ist.

Hier vor dem Altar der Großcomburg sehen Sie vor sich das berühmte, mit Gold überzogene Antependium mit Christus in der Mandorla. In lateinischer Schrift ist um die Mandorla eingraviert: „Indem ich die Knechtsgestalt zum Himmelsthron bringe, vereinige ich das Irdische und das Himmlische. Anfang und Ende, Alpha und Omega werde ich genannt."

Jesus Christus ist die Brücke zum Vater. Über diese Brücke kommt von Gott her die Bestätigung Ihrer ehelichen Verbindung. Auf der anderen Seite kommt von den Trauzeugen und Ihren Verwandten her die Bejahung Ihrer ehelichen Liebe. In bleibender Verbundenheit mit Gott und untereinander dürfen Sie für Ihren christlichen Lebensentwurf der Ehe reiche Frucht erwarten. Gehen Sie mit Christus, so geht er mit Ihnen!

Gemeinsam dürfen wir als Kinder Gottes das „Auch mit!" wünschen: Im Wort Christi dürfen alle mitkommen, im Frieden Christi können alle dabei sein und in der Liebe Christi sind alle eingeladen, dazuzugehören. „Wir gehören Christus, und Christus gehört Gott!" (vgl. 1 Kor 3,23).

Liebes Brautpaar, dieses Hören und Gehören mag in Ihrer Ehe deutlich werden.

Perspektive bewahren

Wie Mose die Schlange in der Wüste erhöht hat, so muss der Menschensohn erhöht werden, damit jeder, der an ihn glaubt, in ihm das ewige Leben hat. Denn Gott hat die Welt so sehr geliebt, dass er seinen einzigen Sohn hingab, damit jeder, der an ihn glaubt, nicht zugrunde geht, sondern das ewige Leben hat. Denn Gott hat seinen Sohn nicht in die Welt gesandt, damit er die Welt richtet, sondern damit die Welt durch ihn gerettet wird.

Aus dem Evangelium nach Johannes 3,14–17

Heute stellt sich heraus und wird bestätigt, welche Art von „Zufall" dies war.

Liebe Angela, nach Ihrer Arbeit im Fotostudio gingen Sie mit Ihrer Freundin und deren Hund spazieren. Im Dezember war der erste Schnee gefallen. Die Umgebung der „schönsten Dorfkirche der Welt" in Steinhausen bei Bad Schussenried bot sich am frühen Nachmittag an, Stimmungsbilder einzufangen. Ihre Motivsuche sollte bald belohnt werden, aber auf unerwartet andere Weise. Auf dem übersichtlichen Weg ließ Ihre Freundin den Golden Retriever von der Leine. Er freute sich über den frisch gefallenen Schnee, sein fröhliches Umherspringen wirkte ansteckend. Zufällig kamen Sie an die Stelle, wo zwei junge Männer Holz aufgearbeitet hatten und eben eine Pause machten. Aus deren Nachfrage nach dem schönen weißen Hund entwickelte sich ein längeres Gespräch. Dabei haben sich natürlich Ihre Blicke gekreuzt.

Als Fotokünstlerin wissen Sie, dass der erste Blick auf ein Kunstwerk wohl der entscheidende ist, das bestätigte sich auch am Anfang Ihrer Beziehung. Der erste Blick ist ursprünglich und gewissermaßen jungfräulich. Dieser erste Augenblick eröffnet oder reduziert das Schauen.

Liebes Brautpaar! Bei Ihnen eröffnete der erste Augenblick ein näheres Hinschauen. Sie haben nicht mehr weggeschaut, sondern Sie haben die-

sem ursprünglichen Blick der Liebe füreinander breiten Raum gegeben. Sie haben Ihre Handynummern ausgetauscht und sich innerhalb kurzer Zeit wieder gesehen – zunächst zu viert, dann zu zweit. So haben Sie Ihre Perspektive füreinander immer mehr eröffnet. Schließlich reifte Ihr Entschluss, einander jetzt auch wirklich zu heiraten: in die Augen – in den Sinn!

Dadurch geben Sie Ihrer Beziehung eine endgültige, tragfähige und dauerhafte Perspektive, zusätzlich lassen Sie sich diese Perspektive auch geben. Das geht nur mit Gottes Hilfe!

Diesen wagemutigen Sprung nach vorne haben Sie geschafft. Durch Ihre kirchliche Trauung „outen" Sie sich heute vor Gottes Angesicht, vor Ihren Angehörigen, Freunden und Gästen, dass Sie eine endgültige Perspektive füreinander auf das ganze Leben hin gewonnen haben. Diesen Gewinn verdanken Sie vor allem dem lebendigen Gott. Seit dem Zeitpunkt des ersten Kennenlernens bis jetzt spüren Sie die unsichtbare Macht der Liebe.

Lieber Thomas! Sie sind verwurzelt in der oberschwäbischen Heimat und haben sich einen modernen Milchviehbetrieb aufgebaut. Sie kennen sich gut aus mit dem Kreislauf der Natur und mit hochtechnisierten Anlagen. In diesem Spannungsfeld einen verantwortlichen Kompromiss zu finden, der Mensch und Tier gerecht wird, ist eine Kunst geworden. Konkrete Lösungen sind schwierig, aber mit Gottes Hilfe auch gut möglich.

Liebe Angela, beim Fotografieren suchen Sie nach Perspektiven, um das Unsichtbare oder Unscheinbare sichtbar zu machen. So gilt es auch immer wieder, die Unsichtbarkeit der Liebe sichtbar zu machen. Als Fotografin wählen Sie aus vielen ein konkretes Bild aus. Jesus von Nazaret ist für uns das konkrete und stimmige Bild der Liebe Gottes. „Die Liebe Gottes wurde unter uns dadurch offenbart, dass Gott seinen einzigen Sohn in die Welt gesandt hat, damit wir durch ihn leben" (1 Joh 4,9). In Jesus Christus hat die abstrakte Liebe Gottes konkrete Gestalt angenommen; durch seine Auferstehung von den Toten lebt er mitten unter uns.

Liebes Brautpaar, als Auferstandener ist der Herr der Dritte im Bunde. Er ist die unsichtbare Kraft der Liebe zwischen Ihnen beiden, die Sie nun durch Ihre verbindliche Lebensgemeinschaft in der Ehe sichtbar machen wollen. Das ist wahrlich eine Kunst! Aber die Welt braucht diese Kunst. Durch Ihre gelebte christliche Ehe, gleichsam durch Ihr gemeinsames Kunstwerk, soll die Liebe Christi sichtbar und wahrnehmbar werden. Dazu ist es notwendig, dass Sie immer wieder zurückgehen auf die ursprüngliche Perspektive, den Beginn der Liebe, um Ihr Kunstwerk „Ehe" zu betrachten. Wie bei einem Kunstwerk ergeben sich je nach Standpunkt zwar immer wieder neue Perspektiven, aber die ursprüngliche steht immer im Zusammenhang mit den anderen. Wenn Sie die Perspektiven füreinander bewahren, wird der gottgewirkte Ausgangspunkt auch zum möglichen Punkt der Endgültigkeit. Gott schenke Ihnen, dass Sie die ursprüngliche und jungfräuliche „Liebe auf den ersten Blick" füreinander immer behalten. Dann wird Gott Ihnen auch die Vollendung Ihrer Liebe schenken.

Für Ihre kirchliche Trauung haben Sie diese Wallfahrtskirche Steinhausen gewählt, weil Sie einen inneren Bezug zu diesem „Barockjuwel" haben. Der Künstler Dominikus Zimmermann hat in seiner Zeit die ganze Schöpfung hereingenommen in die Ausgestaltung dieser Kirche. Kunst und Natur vereinen sich in vielstimmiger Harmonie zum Lob Gottes. Ich lade Sie ein, immer wieder – vor allem auch an Ihrem Hochzeitstag – hierher zu kommen, um die unverwechselbare Perspektive des Herzens füreinander immer tiefer zu entdecken.

Sie sind bereit, miteinander Freud und Leid zu teilen. Gott schenke Ihnen reichen Segen im Blick auf das Gnadenbild der schmerzhaften Gottesmutter mit dem Gekreuzigten auf ihrem Schoß, denn durch das Holz des Kreuzes kam die Freude der Auferstehung in alle Welt.

Gefüllter Kelch

Meine Gedanken sind nicht eure Gedanken, und eure Wege sind nicht meine Wege – Spruch des Herrn. So hoch der Himmel über der Erde ist, so hoch erhaben sind meine Wege über eure Wege und meine Gedanken über eure Gedanken. Denn wie der Regen und der Schnee vom Himmel fällt und nicht dorthin zurückkehrt, sondern die Erde tränkt und sie zum Keimen und Sprossen bringt, wie er dem Sämann Samen gibt und Brot zum Essen, so ist es auch mit dem Wort, das meinen Mund verlässt: Es kehrt nicht leer zu mir zurück, sondern bewirkt, was ich will, und erreicht all das, wozu ich es ausgesandt habe.

Aus dem Propheten Jesaja 55,8–11

Willkommen zu: verliebt – verlobt – verheiratet – und zwischendrin ein Haus bauen.
So geschehen zwischen einem jungen Mann und einer jungen Frau in den Jahren 2004 bis 2007. Und nun stehen Sie, liebe Carolin und lieber Stefan, hier vor dem Traualtar, damit das, was zwischen Ihnen gewachsen ist an Liebe, Vertrauen und Zuneigung, auf den Punkt gebracht wird und festgemacht werden kann als „Ehe im Herrn", also als Lebensgemeinschaft von Mann und Frau, die vor Gott gilt.
Willkommen, liebe Verwandtschaft, hier in dieser Kirche St. Maria in Michelfeld, die sich heute so schön lichtdurchflutet präsentiert. Pünktlich zu einem Tag, an dem viele Herzen schmelzen, hat der Herrgott wunderschönes Sommerwetter gemacht. Für uns ist heute gleichsam Sonntag, Tag des Herrn, am 07.07.07.
Sie, liebe Carolin, waren auf dem „Strabriegelfest" in Wackershofen. Dort haben Sie den Mann fürs Leben zum ersten Mal gesehen. Lieber Stefan, auch für Sie kam dort die Frau fürs Leben zum ersten Mal in den Blick. Wenn man ein Bild betrachtet, dann braucht man aller Erfahrung nach

mindestens vier Sekunden, um die Darstellung zu erfassen. Wie lange „dauert" es wohl, wenn eine junge Frau einem jungen Mann begegnet, den Gott für sie als den Ehemann vorgesehen hat und umgekehrt? Da gab es sicher zuerst einmal eine Schrecksekunde und dann eine zweite Sekunde, in der es gefunkt hat, und dann folgte eine dritte Schrecksekunde vor dem Blitz des Funkens, der übersprang, und in der vierten Sekunde hat's voll eingeschlagen – auf den Grund der Seele.
Während man bei einer gewöhnlichen Bildbetrachtung nach vier oder fünf Sekunden zum nächsten Bild wechseln kann, blieb für Sie beide „das Bild stehen". Sie haben einander „im Herzen gescannt", Sie haben einander so wahrgenommen, dass Sie gespürt haben: Da ist mehr! Deswegen haben Sie sich eine Woche später wieder getroffen.
Da hat die Liebe „ihren Lauf genommen", schneller als erwartet, aber wohlbehütet und begleitet durch gute Freunde und durch Gott, dessen Gedanken und Wege oftmals haushoch anders sind als die unsrigen. Beim ersten „richtigen" Treffen eine Woche später fuhren Sie nach Neckarsulm ins Kino, zusammen mit Freunden, die jetzt auch mitfeiern. Es regnete – Regen bringt Segen! – und dann wussten Sie beide: Sie sitzen im richtigen Film!
Ein Jahr später verbrachten Sie gemeinsam Ihren Urlaub auf Gran Canaria. Dort haben Sie, lieber Stefan, Ihrer Freundin den Heiratsantrag gemacht – inmitten der Sanddünen und beim Rauschen der Meereswellen. Sie, liebe Carolin, haben gleich zugestimmt und das Verlöbnis war perfekt. Wie „geht" so etwas?
Wenn wir aufs Meer hinausschauen, können wir zustimmen, wenn man sagt: Die Liebe muss unerschöpflich sein wie das Meer. Wer am Meer wohnt, dem geht auch die Liebe nie aus. Deswegen gilt uns allen die Zusage: Wir wohnen doch mitten „im Meer der Liebe Gottes", das uns umgibt.
Dazu kommt für Sie beide nun etwas Besonderes und Einzigartiges. Die Wellen des Wassers sieht und hört man rauschen. Die einzigartige und unverwechselbare Wellenlänge der Liebe zwischen Ihnen beiden können wir nur in ihrer Auswirkung wahrnehmen, so dass Sie heute am Traualtar

stehen. Diese spezifische Wellenlänge hat Gott nur für Sie vorgesehen; sie gilt nur für Sie beide und kommt nur zwischen Ihnen beiden zur Auswirkung. Es ist die Berufung und Erwählung zur Ehe. Christus spricht: „Ich habe euch erwählt und dazu bestimmt, dass ihr euch aufmacht und Frucht bringt und dass eure Frucht bleibt!" (Joh 15,16).
Diese Verheißung Christi ist nunmehr „das Kleid für Ihre Ehe". Dieses Wort nimmt Christus nie mehr zurück. Deswegen können Sie dieses Wort der Vermählung, das Sie einander schenken, auch nie mehr zurücknehmen. Dadurch trägt die Liebe Früchte auf Gott hin, die für immer bleiben. In der sakramentalen Ehe bekommt die Liebe zwischen Mann und Frau ihre vollgültige Gestalt, denn in dieser Unwiderruflichkeit erreicht das Wort Gottes in der Person der Ehegatten all das, wozu es ausgesandt wurde.
Welche Folgen für Sie beide hat das nun? Welche Konsequenzen trägt der heutige Tag? Lieber Stefan, ich möchte auf Ihr erstes Wort an Carolin auf dem Fest in Wackershofen zurückkommen. Keine Angst, ich sage es vornehm: „Allein trinken ist nicht besonders klug." Von nun an werden Sie beide immer gemeinsam trinken, und zwar aus dem einen Kelch. Es ist der Kelch der Hingabe an den Willen des Vaters, den Jesus zuerst getrunken hat. Aus diesem einen Kelch, den Jesus Ihnen weiterreicht, werden Sie trinken. Es ist der Kelch Jesu Christi, der Ihr eheliches Leben auf Gott hin wandelt. Trinken Sie gemeinsam aus diesem einen Kelch bis zur Neige!

Vermählung und mehr

Als Jesus all das hörte, fuhr er mit dem Boot in eine einsame Gegend, um allein zu sein. Aber die Leute in den Städten hörten davon und gingen ihm zu Fuß nach. Als er ausstieg und die vielen Menschen sah, hatte er Mitleid mit ihnen und heilte die Kranken, die bei ihnen waren. Als es Abend wurde, kamen die Jünger zu ihm und sagten: Der Ort ist abgelegen und es ist schon spät geworden. Schick doch die Menschen weg, damit sie in die Dörfer gehen und sich etwas zu essen kaufen können. Jesus antwortete: Sie brauchen nicht wegzugehen. Gebt ihr ihnen zu essen! Sie sagten zu ihm: Wir haben nur fünf Brote und zwei Fische bei uns. Darauf antwortete er: Bringt sie her! Dann ordnete er an, die Leute sollten sich ins Gras setzen. Und er nahm die fünf Brote und die zwei Fische, blickte zum Himmel auf, sprach den Lobpreis, brach die Brote und gab sie den Jüngern; die Jünger aber gaben sie den Leuten, und alle aßen und wurden satt. Als die Jünger die übrig gebliebenen Brotstücke einsammelten, wurden zwölf Körbe voll. Es waren etwa fünftausend Männer, die an dem Mahl teilnahmen, dazu noch Frauen und Kinder.

Aus dem Evangelium nach Matthäus 14,13–21

Alle aßen und wurden satt, und vom Rest wurden zwölf Körbe voll mit Brot und Fisch.
Sie sind Zeichen und Erweis der allseitigen Sorge Jesu für die Menschen, für Männer, Frauen und Kinder.
Zunächst hatten die Jünger vorgeschlagen, die Leute wegzuschicken, damit sie sich etwas zu essen kaufen können. Jesu Antwort lautet: „Sie brauchen nicht wegzugehen.“ Es stimmt also: Wer Jesus nachgegangen ist, der darf bei ihm bleiben. Er sorgt in allem für die Seinen.
In all den Jahren, liebes Jubelpaar, hat der Herr für Sie gesorgt. In Ihrer

Kindheit und Jugend wurde Ihnen in Ihrer Heimatgemeinde Schönwald der Glaube an Jesus Christus geschenkt. Wie oft gingen Sie zur Feier des Glaubens zu Fuß in Ihre Kirche St. Mariä Geburt! Selbst die Flucht und die Vertreibung aus Ihrer geliebten Heimat konnten Ihnen diesen Schatz des Glaubens nicht nehmen.
Beim Heimattreffen der Schönwälder 1956 in Betzgenried bei Göppingen haben Sie sich kennengelernt und aus der Liebesgeschichte wurde eine Lebensgeschichte. Sie waren sich gewiss: Um eine glückliche Ehe zu führen, dürfen Sie bei Jesus bleiben und brauchen zu niemandem sonst „weggehen". Die fünf Jahre Ihres Miteinander-Gehens haben Sie – so wie es Jesus mit den fünf Broten gemeint hat: „Bringt sie her!" – auch zu Jesus gebracht. Und Jesus, der Herr, hat die etwas mehr als fünf Jahre in die Hand genommen, darüber den Lobpreis gesprochen, sie ausgeteilt und Ihnen fünf Jahrzehnte der Liebe und Treue geschenkt. Das ist mehr, als Sie gedacht haben. Bei der Silberhochzeit in Altötting haben Sie damals gesagt: „Noch mal 25 Jahre – das glauben wir nicht, dass wir das schaffen." So hat der Herr Ihre Erwartungen mehr als erfüllt und gleichzeitig haben Sie sich in die Pflicht nehmen lassen durch das Wort Jesu: „Gebt ihr ihnen zu essen!"
Das meint beim Sakrament der Ehe zunächst, dass Mann und Frau in Liebe füreinander sorgen. Das Geschenk der Vermählung eröffnet Mann und Frau die volle Entfaltung des Mann- bzw. Frauseins. Die Körbe sind nachher voller als vorher – das erleben wir heute. Brot und Fische sind zum Zeichen geworden für die Sättigung.
Das ist nicht messbar, sondern unermesslich. Die Liebe ist nicht zu ermessen; halten wir ein Lineal dagegen, so erkennen wir, an Brot und Fisch gibt es keine gerade Linie. So ist die Liebe immer je neu beschwingt, rund und dynamisch. Die eheliche Liebe braucht immer wieder das Ausholen bei Jesus in der Glaubenstradition der Kirche, die Erholung bei ihm in Gebet und Gottesdienst und die Einholung der Worte der Vermählung im Alltag.
Liebes Jubelpaar! Auf diese Weise haben Sie miteinander den Anfang Ihrer Liebe immer wieder neu erleben dürfen, und es klingt wie eine

Tonleiter, was in Betzgenried seinen Anfang nahm: getroffen – gesehen – gesprochen – getanzt. Ausgeplaudert haben Sie: „Tanzen war unsere Lieblingsbeschäftigung." So wurde Ihre Ehe eine „runde Sache": getanzt – gesprochen – gesehen – getroffen – und umgekehrt. Der Musiker Matthias und die Turnerin Anna tauschen sich aus: Matthias mit Musik im Blut und Anna mit der Eleganz der Beweglichkeit vereinen sich zur Hochzeit des Lebens.

Aus Ihrem gemeinsamen Leben heraus haben Sie vielen „zu essen" gegeben. Zunächst einmal Ihrer Tochter und Ihrem Sohn, Ihrem Schwiegersohn und Ihrer Schwiegertochter sowie vor allem den Enkelkindern. Was Sie selbst empfangen hatten, haben Sie weitergereicht: Jesus ist die Adresse für jeden Mangel an Leib und Seele.

Das Hören auf sein Wort ist entscheidend für alle Lebenslagen. Unser Hunger und unser Durst nach dem vollen Leben werden durch sein Wort gestillt. Seine Liebe macht das Beste aus unserem Leben, und da uns nichts und niemand von seiner Liebe zu scheiden vermag, sind wir heute bei ihm.

Liebes Jubelpaar, gemeinsam mit Ihren Verwandten und Bekannten legen Sie nun Ihre weiteren Jahre erneut in die Hände Jesu. Die Macht seiner Liebe und die Kraft seines Mitleids als Heiland bewirken „Goldene Hochzeit und mehr"!

Mächtige Brückenpfeiler

Jesus Christus ist das Ebenbild des unsichtbaren Gottes, der Erstgeborene der ganzen Schöpfung. Denn in ihm wurde alles erschaffen im Himmel und auf Erden, das Sichtbare und das Unsichtbare, Throne und Herrschaften, Mächte und Gewalten; alles ist durch ihn und auf ihn hin geschaffen. Er ist vor aller Schöpfung, in ihm hat alles Bestand. Er ist das Haupt des Leibes, der Leib aber ist die Kirche. Er ist der Ursprung, der Erstgeborene der Toten; so hat er in allem den Vorrang. Denn Gott wollte mit seiner ganzen Fülle in ihm wohnen, um durch ihn alles zu versöhnen. Alles im Himmel und auf Erden wollte er zu Christus führen, der Friede gestiftet hat am Kreuz durch sein Blut.

Aus dem Brief an die Kolosser 1,15–20

Die Liebe ist uns vorgegeben; bei jeder Hochzeit tritt dieser Wesenszug der Liebe zutage. Ohne die Liebe wären wir überhaupt nicht. Auch unsere Eltern haben sie zuerst empfangen, um sie dann weiterzuschenken. Ganz weit zurückgedacht, muss die Liebe also der Grund für das ganze Leben überhaupt sein. Als Christen bekennen wir: Der Ursprung der Liebe ist Jesus Christus, der Sohn Gottes. Er ist die Liebe überhaupt. Durch ihn hat Gott in seiner Allmacht die Welt erschaffen und durch ihn wird er alles vollenden.

Liebe Heidrun, lieber Peter, auf der Einladung zu eurer Hochzeit steht: „Die Liebe ist eine Brücke, gebaut aus Liebe und Vertrauen, an der beide Partner täglich arbeiten sollen."

Wer hat zwischen euch die Brücke geschlagen? Wir betrachten sie heute vom Ergebnis her: Es kann nur Gott selbst gewesen sein. Gott, der die Herzen kennt, hat euch geholfen, im Herzen des anderen den anderen Brückenpfeiler zu erkennen, auf dem die Brücke eurer Ehe beidseitig aufruht.

Lange habt ihr euch nicht wahrgenommen. Jeder ging das andere Ufer am Fluss der Zeit entlang. Dann habt ihr plötzlich auf der anderen Uferseite den ebenbürtigen Partner entdeckt: Der ist es! Die ist es! Danach ging es weiter, parallel auf beiden Seiten des Ufers auf und ab, einander fest im Blick. Plötzlich seid ihr zu der entscheidenden Stelle gekommen. Hier und heute bauen wir unser Leben fest und verbindlich aufeinander zu. Der Entschluss stand fest: Hier soll die Brücke stehen!
Wer die Brücke der Liebe zuerst gebaut hat, das wissen wir, sowohl am Anfang der Welt als auch am Anfang zwischen euch. Die Brücke der Liebe ist unsichtbar, aber sie trägt.
Jesus Christus, die Liebe Gottes, ist gleichsam der Brückenpfeiler am Anfang und der Brückenpfeiler bei der Vollendung dieser Welt. Wir sehen ihn noch nicht, dennoch trägt er uns. Jesus ist in seiner Menschwerdung der Brückenschlag Gottes in unsere Welt, aber auch aus dieser Welt hinaus zu Gott in die Vollendung. „Liebe" ist also insofern vorgegeben, als dass Brückenpfeiler und Brücke selbst Gottes ureigene Tat sind um unseres Heiles willen.
Die Tragfähigkeit der Brücke der Liebe Gottes erfahren wir nur, indem wir vertrauensvoll darüber gehen, Schritt für Schritt.
Heute nun weihen wir eure Brücke ein und machen sie offiziell fest durch die Trauung.
Alle Anwesenden wünschen euch von Gott Kraft und Segen, damit sie allem standhält, auch wenn es nicht ausbleiben wird, dass im Laufe der Zeit doch auch einige über eure Ehe-Brücke ungehörig „hinübertrampeln" werden. Auch Fehler werden nicht ausbleiben. Die täglichen Ausbesserungsarbeiten sind eure „Hausaufgabe".
Gemeinsam seid ihr eingeladen, immer wieder euer Herz in Gottes Gegenwart zu beruhigen. Es gibt so viele Verpflichtungen und Ablenkungen. Vergewissert euch also immer wieder, dass die Pfeiler eurer Ehe fest in Gott aufruhen. Erinnert euch an das Wort Christi: „Es gibt keine größere Liebe, als wenn einer sein Leben für seine Freunde hingibt" (Joh 15,13). Glaubt an den Herrn Jesus Christus und haltet seine Gebote der Liebe. Wenn ihr seine Gebote haltet, dann bleibt eure Ehe in Gott und Gott in

eurer Ehe. So könnt ihr einander lieben, wie Christus uns geliebt hat und liebt.
Liebe Heidrun, kein anderer Mann hat eine größere Liebe zu dir als dein Mann!
Lieber Peter, keine andere Frau hat eine größere Liebe zu dir als deine Frau!
Christus, der Herr, wird eure Liebe noch größer machen, indem er sie mit seiner Liebe zu Gott verbindet.
Liebe heißt Lebensmitteilung. Eure Hingabe aneinander wird neues Leben gebären. Jesus sagt: „Ich habe euch alles mitgeteilt, was ich von meinem Vater gehört habe!" (Joh 15,15). Jesus ist die Lebensmitteilung Gottes. Entsprechend dürft ihr euer Leben mitteilen in Kindern und durch eure Anteilnahme am gesellschaftlichen Leben. Die Kraft dazu dürft ihr euch vom Dritten im Bunde erbitten.
Erinnert euch an Jesus Christus und bittet in seinem Namen den Vater im Himmel um die tägliche Ausrüstung eures Alltags. Darin besteht die Vollmacht der Kinder Gottes, den Vater im Himmel immer wieder vertrauensvoll zu bitten, so dass eure Ehe, die auf Erden geschlossen wird, schon jetzt den Glanz des Himmels bekommt.

Lichte Herzensweite

Als die Soldaten zu Jesus kamen und sahen, dass er schon tot war, zerschlugen sie ihm die Beine nicht, sondern einer der Soldaten stieß mit der Lanze in seine Seite, und sogleich floss Blut und Wasser heraus. Und der, der es gesehen hat, hat es bezeugt, und sein Zeugnis ist wahr. Und er weiß, dass er Wahres berichtet, damit auch ihr glaubt. Denn das ist geschehen, damit sich das Schriftwort erfüllte: Man soll an ihm kein Gebein zerbrechen. Und ein anderes Schriftwort sagt: Sie werden auf den blicken, den sie durchbohrt haben.

Aus dem Evangelium nach Johannes 19,33–37

Das Licht der Liebe Christi ist ein inneres Licht, es ist das Licht des Herzens. Das Licht der Sonne nimmt zu und nimmt ab, das Licht der Liebe Christi nimmt nur zu.

Liebes Brautpaar! Seit dem Startschuss Ihrer Beziehung an Silvester 1989 hat dieses Licht für Sie nur noch zugenommen. Wenn es sicher auch mal schwierige Phasen durchzustehen galt, dann trifft aus heutiger Sicht das zu, was ein baltischer Segensspruch zum Ausdruck bringt: „Wechselnde Pfade, Schatten und Licht: Alles ist Gnade, fürchte dich nicht!" Ihre Beziehung hat sogar ein Jahr Auslandsaufenthalt „überlebt" – und während mehr als 2 × 7 Jahren haben Sie einander geprüft, ob's denn wirklich einmal bis zur Ehe reicht.

Als Originale gingen Sie zunächst jeweils Ihren eigenen Weg, bevor Sie die gemeinsame Quelle entdeckt haben.

Liebe Edith, Sie sind eine in jeder Hinsicht besondere Frau mit mehreren erlernten Berufen, die immer etwas Neues auf Lager hat. Ich darf kurz erwähnen: Sie haben die Ausbildung gemacht zur Schreinerin und danach in Möbelhäusern gearbeitet. Anschließend wurden Sie ärztlich geprüfte Fitness-&-Aerobic-Trainerin und sind jetzt beruflich tätig als

Jesus von Nazaret der geliebte Sohn des Vaters ist, der den Menschen das Geschenk der Erlösung bringt. Deutlich wird seine Gottessohnschaft durch die weiße Farbe, ein Weiß, wie es sämtliche Waschmittel auf Erden nicht bewirken können. Das strahlende Weiß Jesu ist das Zeichen für die je größere Wirklichkeit des Himmels, die der Vater bereithält. Die Fülle des Lebens, der Liebe und der Schönheit ist in Jesus zusammengefasst und geht aus ihm hervor.

Zuerst erfolgt mit Elija und Mose ein Rückblick. Die „Hochzeit mit Jesus" gibt es nicht ohne die „Verlobungszeit" des Ersten Bundes Gottes mit den Menschen. Petrus reagiert dann, wie wir gewöhnlich auch: Er will aus lauter Sprachlosigkeit gleich etwas tun. Da kommt ihm die Wolke zuvor. Sie wird zum Zeichen für das weiße Licht „ganz oben", das wir nicht festhalten können.

Wir brauchen aber etwas zum Festhalten: das konkrete Wort Jesu! Die Stimme aus der Wolke sagt deutlich: Auf Jesus sollen wir hören. In Jesu Wort verdichtet sich sein ganzer Weg. Es eröffnet dann auch den Ausblick, dass der Menschensohn von den Toten auferstehen wird. Dieses Wort beschäftigt uns bis heute, vielleicht bis zum letzten Atemzug. Dennoch leuchtet diese Zukunft herein in unser Leben, auch wenn wir wieder hinabsteigen müssen. Die Offenbarung auf dem Berg der Verklärung schenkt Eheleuten die tragende Perspektive für das ganze Leben. Ich glaube, das innerste Geheimnis der christlichen Ehe besteht darin, mit Jesus auf diesem Berg „zu zweit allein" gewesen zu sein.

Sehr geehrter Herr Piontek! Begonnen hat dieser Weg für Sie nach der schlimmen Kriegszeit, als Sie 1946 mit halb amputiertem Fuß von Stuttgart nach Hause gelaufen sind. Das Ziel war Kattowitz in Polen, doch Sie kamen nur bis nach Görlitz. Der weitere Weg wurde Ihnen verwehrt. Sie mussten wieder umkehren. Diese Umkehr wurde entscheidend. Ich glaube, so müssen auch wir oft an Grenzen Halt machen und umkehren im Vertrauen auf die Führung durch Gott, der uns eine neue Zukunft eröffnet.

Nach der Wanderschaft von März bis September gingen Sie auf die Akademie der Künste in Stuttgart, wo Sie aber wieder aufhören mussten,

weil bei der Währungsreform 1948 das Geld ausging. Wieder eine Umkehr, aber Ihr Vertrauen sollte bald belohnt werden. Bei einer Firma in Stuttgart konnten Sie Ihre künstlerischen und malerischen Fähigkeiten umsetzen. Dieser Firmenbesitzer besaß ein kleines Anwesen beim Lemberghaus. Auch wenn der Anstieg auf den Berg der Verklärung bis dahin teils mühselig war, jetzt waren Sie auf einer wunderbaren Plattform angekommen. Denn dort, auf dem Grundbesitz beim Lemberghaus, haben Sie Ihre geliebte Frau Erna, die hier arbeitete, kennengelernt.
Dann ging alles sehr schnell. Am 6. August 1949 haben Sie geheiratet. Im Rückblick von heute aus war das Verliebt – Verlobt – Verheiratet fast zum gleichen Zeitpunkt, ging also fast in eins. Sie beide haben intuitiv gehandelt, aus dem Bauch heraus, mit viel Gefühl, und dann Ihre gegenseitige Zuneigung mit der Hochzeit auf den Punkt gebracht. So wie Sie, lieber Herr Piontek, auch Ihre Bilder malen, mit viel Gefühl, intuitiv, ohne Worte. Liebe kann man eben nicht erklären, auch das Alleinsein mit Jesus nicht.
Sehr geehrte Frau Piontek! Da hat Ihnen der Herrgott einen jungen Maler als Mann zugeführt, wie Sie ihn sich nicht besser hätten bestellen können. Sie beide verbindet nunmehr große Dankbarkeit. Wie Sie untertreibend bemerkt haben: „Es hat sich herausgestellt, dass wir zusammenpassen." Sie haben eine Familie gegründet und einem Sohn und einer Tochter das Leben geschenkt; mittlerweile ist die Familie auf fünf Enkelkinder herangewachsen, die in der ganzen Welt herumkommen. Jetzt dürfen Sie als Großeltern weiterhin „den Karren zusammenhalten". Aber aufgrund Ihrer reichen Lebenserfahrung haben Sie damit, wie Sie bemerkten, „keine Probleme".
Liebe Frau, lieber Herr Piontek, am Feiertag Ihrer Diamantenen Hochzeit bitten wir erneut um Gottes Segen. Die Wolke Gottes möge bleiben.

Liebevolles Du

Wie du mich in die Welt gesandt hast, so habe auch ich sie in die Welt gesandt. Und ich heilige mich für sie, damit auch sie in der Wahrheit geheiligt sind. Aber ich bitte nicht nur für diese hier, sondern auch für alle, die durch ihr Wort an mich glauben. Alle sollen eins sein: Wie du, Vater, in mir bist und ich in dir bin, sollen auch sie in uns sein, damit die Welt glaubt, dass du mich gesandt hast. Und ich habe ihnen die Herrlichkeit gegeben, die du mir gegeben hast; denn sie sollen eins sein, wie wir eins sind, ich in ihnen und du in mir. So sollen sie vollendet sein in der Einheit, damit die Welt erkennt, dass du mich gesandt hast und die Meinen ebenso geliebt hast wie mich. Vater, ich will, dass alle, die du mir gegeben hast, dort bei mir sind, wo ich bin. Sie sollen meine Herrlichkeit sehen, die du mir gegeben hast, weil du mich schon geliebt hast vor der Erschaffung der Welt. Gerechter Vater, die Welt hat dich nicht erkannt, ich aber habe dich erkannt, und sie haben erkannt, dass du mich gesandt hast. Ich habe ihnen deinen Namen bekannt gemacht und werde ihn bekannt machen, damit die Liebe, mit der du mich geliebt hast, in ihnen ist und damit ich in ihnen bin.

Aus dem Evangelium nach Johannes 17,18–26

Durch eure Vornamen hört ihr in einzigartiger Weise aufeinander. Schon vor dem heutigen Tag hat er für euch beide einen sehr persönlichen Klang bekommen. Da schwingt euer Herz mit in der Aussprache: „Du, Monika; du, Werner". In der „Verlautbarung" eures Namens wird eure Beziehung offenbar: Man kann hören, ihr seid bewusst auf herzliche Weise miteinander verbunden. Im Evangelium haben wir gehört, wie Jesus den himmlischen Vater mit „Du" anredet. Darin wird überdeutlich, welch innige göttliche Verbundenheit zum Tragen kommt. Durch die

Bei der Fülle der Möglichkeiten kommt es nun entscheidend darauf an, für wen wir anrufbar sind. Das ist für Sie von nun an Ihre Frau Elke: Du und keine Andere! Auch für Sie, liebe Elke, gilt ab heute und für immer: Du, Harald, und kein Anderer!
Im Christuskönig-Mosaik unserer Pfarrkirche ist uns der Herr vor Augen gegeben, der Ihr ausschließliches Du füreinander segnet. Er ist der Immanuel, der Gott-mit-uns, der Dritte im Bunde. Dieser Segen bedeutet, dass wir uns bei Kommunikationsschwierigkeiten an ihn wenden können.
Lieber Harald, es gibt in Ihrer Firma die Störungsannahme bei Kommunikationsschwierigkeiten. Bei Störungen zwischen Mensch und Gott sitzt Jesus Christus zur Rechten Gottes, des Vaters, als Zuständiger für die Störungsannahme. Die Rückbindung an ihn bewirkt nach Störungen wieder eine klare Verbindung der Menschen untereinander und mit Gott. Auch gibt es in Ihrem technischen Bereich die Aufgabe, Spannungswandler einzubauen und Spannungen zu modulieren. Ohne Spannung fließt kein Strom, das ist eine altbekannte Erfahrung.
Die gottgewollte Spannung zwischen Mann und Frau braucht auch ihre unterschiedliche Umwandlung, Tag für Tag je neu. Während wir vielfach den Rat hören, den Arzt oder Apotheker zu fragen, empfehle ich Ihnen den Herrn Jesus Christus. Er bürgt für das in Liebe gesprochene Wort, und dabei kann man nicht „falsch herausgeben".
Liebe Elke, Sie sitzen beruflich an der Kasse und wissen, Falschbeträge können nicht verbucht werden. So ist es auch mit falschen Beiträgen in der Liebe. Richtige Beiträge aber werden gutgeschrieben und auf die „hohe Kante" gelegt. Das heißt: Die Ehe ist um des Himmelreiches willen da, damit wir Eintritt bekommen ins Reich Gottes. Mit inzwischen drei Kindern, die Botschafter sind für das Reich Gottes, wird Ihnen das wohl gelingen. Jesus sagt: „Wer das Reich Gottes nicht so annimmt wie ein Kind, der wird nicht hineinkommen" (Mk 10,15). Der Eintritt ist gratis für alle, die glauben und getauft sind und sich das Kind-sein-Können bewahrt haben.
Wie das praktisch aussieht, habe ich in einem Gedicht für Sie ausformuliert:

Was ist das Erste?
Verbunden zu sein mit „oben“ und untereinander.

Was ist das Wichtigste?
Wir tun uns gut.

Was ist das Tägliche?
Wir reden viel miteinander.

Was ist das Herzliche?
Du kommst nach Hause und wirst erwartet.

Was ist das Schönste?
Das Da-Sein füreinander.

Was ist das Bleibende?
Alles in Jesus Christus.

Was ist das Ewige?
Jesus in Dir und der Vater in Jesus.

Eindrucksvolle Handschrift

Die elf Jünger gingen nach Galiläa auf den Berg, den Jesus ihnen genannt hatte. Und als sie Jesus sahen, fielen sie vor ihm nieder. Einige aber hatten Zweifel. Da trat Jesus auf sie zu und sagte zu ihnen: Mir ist alle Macht gegeben im Himmel und auf der Erde. Darum geht zu allen Völkern und macht alle Menschen zu meinen Jüngern; tauft sie auf den Namen des Vaters und des Sohnes und des Heiligen Geistes, und lehrt sie, alles zu befolgen, was ich euch geboten habe. Seid gewiss: Ich bin bei euch alle Tage bis zum Ende der Welt.

Aus dem Evangelium nach Matthäus 28,16–20

Auf dieses Wort Jesu können wir bauen: „Seid gewiss: Ich bin bei euch alle Tage bis zum Ende der Welt."

Liebes Jubelpaar! Auf diese Zusage Christi haben Sie als Ehepaar 50 Jahre lang Ihr gemeinsames Leben gebaut. So konnte es gelingen. Miteinander dürfen Sie heute für ein gelungenes Kunstwerk dankbar sein und Goldene Hochzeit feiern.

Das „Gewand" Ihrer Ehe ist durchwirkt mit Gold und Perlen. Glücklich konnten Sie dazu bemerken: „Wir haben einfach das große Los gezogen."

Lassen Sie uns kurz zurückblenden, wie es dazu kam. Es war ja nicht einfach, aus der Heimat vertrieben zu werden. Doch Ihr Elternhaus hat Ihnen auf je verschiedene Weise Liebe, Kraft und Lebensmut gegeben, so dass Sie die Ausweisung und Vertreibung aus Ihrer Heimat durchstehen konnten.

Lieber Herr Kalikovsky! Von Bayrisch-Eisenstein kamen Sie im Viehwaggon im Sammeltransport nach Karlsruhe. Und weil Sie vorher auf der Strecke dorthin vom Zug aus das Panorama von Schwäbisch Hall gesehen hatten, haben Sie sich für Schwäbisch Hall entschieden. Zufällig wurde

bei der Aufteilung angeboten, zwischen Karlsruhe und Schwäbisch Hall zu wählen. Das war Ihr Glück.
Liebe Frau Kalikovsky! Sie sind mit Ihrer Familie von Ungarn aus auch hier „gelandet“.
Sie, Herr Kalikovsky, gingen 1957 in die Schweiz zum Arbeiten. Von dort aus haben Sie Fräulein Wiederholl eine Karte geschrieben, sie hat zurückgeschrieben. Und dann ist es „passiert“.
Ihn hat ihre Handschrift beeindruckt. Das kommt heutzutage nur noch selten vor. Ich finde das aber sehr einleuchtend, denn zum einen liebt der Mann mit dem Auge und zum andern offenbart die Handschrift die ganze Person. Denn Kopf, Herz und Hand bilden eine Einheit, und was aus der Feder fließt, lässt die ganze Persönlichkeit erkennen.
Auf diese Weise ging es ein Jahr lang hin und her. Sie, liebes Jubelpaar, haben Ihre „Handschriften“ ausgetauscht. Danach ist Ihre Gewissheit soweit angewachsen, dass Sie sich verlobten und gleichzeitig mit dem Hausbau in Gottwollshausen anfingen. Ihr Haus stand zunächst allein mitten in der Natur. Sie besaßen damals das Glück, sich den Bauplatz aussuchen zu können. Dann haben Sie geheiratet und sind eingezogen. Spachendorf im Altvatergebirge und Solymar bei Budapest kamen zusammen und erfuhren ihre Fortsetzung. Hier zeigt die Perspektive des Glaubens: Im Vertrauen auf die Wegweisung Jesu eröffnen sich immer neue Möglichkeiten.
Ihre Tochter kam auf die Welt. Und deren zwei Söhne hatten von Oma und Opa recht schnell den Eindruck: „Die können alles!“ Oma ist eine prima Hausfrau und sie bringt immer etwas Wunderbares auf den Tisch. Unermüdlich haben Ihre Hände, Frau Kalikovsky, gearbeitet. In der Spinnerei war Fingerfertigkeit gefragt an den Maschinen und Sie brauchten flinke Hände beim Errechnen der Akkordlöhne und beim Schalterdienst in verschiedenen Firmen. Zusätzlich vesorgten Sie natürlich Haushalt und Familie.
Sie, lieber Herr Kalikovsky, waren nach der Berufsschule in Ilshofen als Wagner und Schreiner und dann 27 Jahre bei der Bausparkasse tätig. Leidenschaftlich haben Sie sich beide in der Kirchengemeinde engagiert.

Sie, lieber Herr Kalikovsky, waren zuständig für Sitzungen, Feste und Reparaturen. Sie, liebe Frau Kalikovsky, haben die Abrechnungen gemacht. Miteinander betreuten Sie auch ein gutes Jahrzehnt die Kirchenpflege.
Dieses Miteinander steht wohl symbolisch für Ihr ganzes Arbeitsleben. Es ging bei Ihnen gut von der Hand und gut Hand in Hand. Vier Hände ergeben eine gute Handschrift. Miteinander haben Sie das Evangelium in Ihr Leben hineingeschrieben.
Vor 50 Jahren haben Sie am 6. Juni 1959 in St. Joseph geheiratet. Heute schließt sich der Kreis. An der Nahtstelle befindet sich Gold. Das meint die Unvergänglichkeit der Liebe, die aus Gott stammt.
Nachher werden Sie Ihre rechte Hand für den Segen ineinanderlegen. Diese Hände schreiben schön, diese Hände nähen gut, diese Hände malen gut. In wessen Hand ich meine Hand lege, dem vertraue ich. Gott hat seinen geliebten Sohn in unsere Hand gegeben. Diese Anvertrauung ist ein inneres Geheimnis des Christentums.
Sehr geehrtes Jubelpaar, in diesem Sinn sind Sie heute an Ihrem Festtag ein besonderes Zeichen. 50 Jahre in Liebe und Treue, dazu immer und wesentlich verbunden mit der Kirchengemeinde, das ist eine deutliche Handschrift des lebendigen Gottes in unserer Welt.

Persönliche Kommunion

Das ist mein Gebot: Liebt einander, so wie ich euch geliebt habe. Es gibt keine größere Liebe, als wenn einer sein Leben für seine Freunde hingibt. Ihr seid meine Freunde, wenn ihr tut, was ich euch auftrage. Ich nenne euch nicht mehr Knechte; denn der Knecht weiß nicht, was sein Herr tut. Vielmehr habe ich euch Freunde genannt; denn ich habe euch alles mitgeteilt, was ich von meinem Vater gehört habe. Nicht ihr habt mich erwählt, sondern ich habe euch erwählt und dazu bestimmt, dass ihr euch aufmacht und Frucht bringt und dass eure Frucht bleibt. Dann wird euch der Vater alles geben, um was ihr ihn in meinem Namen bittet. Dies trage ich euch auf: Liebt einander!

Aus dem Evangelium nach Johannes 15,12–17

Den Auftrag, einander zu lieben, haben wir von Christus gehört, mit dem wir von Gott her in Verbindung stehen. Es ist nicht nur schön, eine Verbindung zu haben, sondern sie ist hilfreich und lebenswichtig. Verbindung heißt im Lateinischen „Kommunion“. Das meint dann eine ganz innige Verbindung, die Verbindung zwischen Gott und Mensch und die Verbindung zwischen Mann und Frau. Willkommen also, lieber Jaroslav und liebe Natalya, zur „heiligen Kommunion“!

Ihre je eigene innere Verbindung von Gott her und zu Gott hin wird durch die kirchliche Trauung füreinander eröffnet und vor Gottes Angesicht besiegelt. Die kirchliche Trauung ist der bewusste Beginn einer heiligen Kommunion zwischen Mann und Frau.

Angefangen hat Ihre Verbindung ganz unscheinbar. Sie haben zuerst Ihre je eigene Stimme übers Telefon gehört. Das war für Sie beide die erste Wahrnehmung übers Ohr. Unser Hörorgan ist aber mit dem Herzen verbunden. Das war die erste herzliche Kontaktaufnahme – vor genau einem halben Jahr.

Ihre Kommunikation entfaltete sich weiter – entsprechend unserer modernen Möglichkeiten übers Internet. Der Gedankenaustausch erfolgte übers Mailen. Sie haben miteinander über den elektronischen Brief kommuniziert – zwei Monate lang haben Sie „gechattet". Darunter waren auch handschriftliche Briefe. Die Handschrift fließt aus dem Herzen, weil die Hand mit dem Herzen verbunden ist. Die persönliche Handschrift hat Ihre Beziehung füreinander weiter eröffnet.

Dann haben Sie sich ein erstes Mal getroffen. Nach der zunächst über die Technik vermittelten Kommunikation sind Sie sich persönlich begegnet, zur rechten Zeit von Gott gefügt. In der persönlichen Begegnung eröffnete sich die Kommunikation zur Kommunion. Im persönlichen Gegenüber erwachen alle Sinne und lassen eine herzliche Kommunion auferstehen. In dieser „Auferstehung aller Sinne" für die heilige Kommunion in der Ehe dürfen Sie nun leben. Dazu braucht es eine zuverlässige Grundlage und eine Bestätigung von den Menschen und von Gott her.

Liebes Brautpaar! Vor drei Monaten haben Sie standesamtlich geheiratet. Diese Bestätigung durch die Mitmenschen ist heute auch gegeben durch die Trauzeugen und alle anderen Festgäste.

Zugleich braucht die Liebe zwischen Mann und Frau die Bestätigung durch die Kirche und damit von Gott her. Gott ist für die Menschen da vor allem durch die Kirche, und die Verbindung zwischen Mann und Frau ist ein Bild für die Verbindung zwischen Gott und den Menschen.

Durch die Geburt des Erlösers ist es möglich geworden, dass Gott und Mensch auf Augenhöhe miteinander kommunizieren. Jesus Christus ist die anschauliche und begreifbare Kommunion zwischen Gott und Mensch. Er selbst gewährleistet nunmehr die „heilige Kommunion" zwischen Gott und den Menschen und den Mitmenschen untereinander.

Wenn also Ihre Ehe in dieser heiligen Verbindung gründet, dann steht sie auf gutem Grund und ist bleibend verankert in der Liebe Gottes. Dadurch ist Ihr Lebensentwurf auf Zukunft hin angelegt, denn „die Liebe hört niemals auf" (1 Kor 13,8).

Solche Liebe drängt auf Lebensmitteilung. Gottes überströmende Liebe werden Sie als Lebensmitteilung an Ihre Kinder weitergeben. Ihr Leben,

Ihre Liebe und Ihren Glauben teilen Sie Ihren Kindern mit, die von Gott zuerst ins Leben gerufen werden.
Zugleich, liebes Brautpaar, sind Sie selbst berufen, in die Mitteilung Jesu Christi je neu hineinzuwachsen. Als Sohn Gottes hat er uns alles mitgeteilt, was er von Gott, seinem Vater gehört hat (vgl. Joh 15,15). Und Gott, der Vater, wird Ihnen als Ehepaar alles geben, um was Sie ihn in Jesu Namen bitten. Aus der je persönlichen Begegnung miteinander und in der Kommunion mit Jesus Christus in den Sakramenten entsteht bleibende Frucht.
Nehmen Sie, liebe Natalya und lieber Jaroslav, die Verbindung, wie sie zwischen Ihnen entstanden ist, als Ausgangspunkt für Ihr Glaubensleben: Sie haben gehört und gesehen und erkannt, Mann und Frau zu sein in Jesus, dem Christus.

Volle Investition

Wenn ich in den Sprachen der Menschen und Engel redete, hätte aber die Liebe nicht, wäre ich dröhnendes Erz oder eine lärmende Pauke. Die Liebe ist langmütig, die Liebe ist gütig. Sie ereifert sich nicht, sie prahlt nicht, sie bläht sich nicht auf. Sie handelt nicht ungehörig, sucht nicht ihren Vorteil, lässt sich nicht zum Zorn reizen, trägt das Böse nicht nach. Sie freut sich nicht über das Unrecht, sondern freut sich an der Wahrheit. Sie erträgt alles, glaubt alles, hofft alles, hält allem stand. Die Liebe hört niemals auf.

Aus dem ersten Brief an die Korinther 13,1.4–8

Jesus Christus hat uns erwählt, damit wir Frucht bringen können (vgl. Joh 15,16). Eure Ehe, liebes Brautpaar, ist das Ergebnis seiner Erwählung. Auf der politischen Ebene werden die Personen nur für eine bestimmte Zeitdauer gewählt. Im Evangelium ist die Rede von Erwählung; diese besitzt den Charakter der Zeitlosigkeit.

Wenn die Liebe niemals aufhört, wie es der Apostel Paulus formuliert, dann war sie doch schon immer. Die Liebe ist allem voraus. „Gott ist die Liebe“ (1 Joh 4,8). Möchten wir die Liebe auf den Punkt bringen, dann müssen wir Gott zu ihr sagen. Die Liebe ist Gott.

Gott aber will in uns wohnen, deswegen können wir lieben, denn die Liebe teilt sich mit. Die Investition der Liebe ist Lebensmitteilung. Aufgrund seiner Liebe hat Gott sein Leben in den Menschen investiert. Er selbst wurde Mensch in Jesus von Nazaret, in ihm hat Gott sich selbst verausgabt. Das Kreuz und die Auferstehung sind die vorausgehende Verausgabung Gottes für uns alle und jetzt besonders für eure Ehe. In Jesus Christus ist die Liebe Gottes auf den Punkt gekommen und offenbar geworden. Diese Offenbarkeit ist der bleibende Grund für das Sakrament der Ehe.

Liebe Violeta, lieber Björn, auf diesem Grund kommt ihr nun zu stehen.

Ihr habt diese Ebene erreicht, auf der einerseits eure liebevolle Beziehung zueinander vollends ans Licht kommt, und andererseits seid ihr beide nun bereit, in diesem klaren Licht unwiderruflich alles füreinander zu investieren.
„Ich habe euch erwählt!" ist die unauflösliche „Investition" Jesu Christi in euch. Diese innere Verbindung zum Herrn macht dies möglich:
Liebe Violeta, du hast Björn als Mann gewählt und nun zu deinem Ehemann erwählt.
Lieber Björn, du hast Violeta als Frau gewählt und nun zu deiner Ehefrau erwählt.
Diese Erwählung wird durch die kirchliche Trauung von „höchster Stelle" bestätigt. Sie soll für immer gültig sein, weil die Liebe kein Ende kennt. Auch eure Eltern und alle Verwandten und Hochzeitsgäste bestätigen eure Liebe, stellvertretend für alle unterschreiben nachher die Trauzeugen das Protokoll. Am Anfang eurer vollgültigen Ehe bekommt ihr nun die „Beglaubigung" „von oben" und „von unten".
Liebe Violeta, lieber Björn, eure Mitmenschen, die euch kennen und schätzen, investieren ihr Vertrauen in euch, dass ihr in unaufhörlicher Liebe und Treue miteinander durchs Leben geht.
Ihr habt beide beruflich mit Betriebswirtschaft zu tun und wisst, wie wichtig Investitionen für die Konjunktur sind. Dieses aus dem Lateinischen abgeleitete Wort bedeutet eigentlich „in Verbindung setzen" oder „etwas miteinander verknüpfen" oder „eine Geschäftsbeziehung beleben". Investitionen werden nach Vertragsabschluss getätigt. Nach eurer kirchlichen Trauung könnt ihr euch nun voll investieren. Einen Menschen wirklich lieben geht nicht, ohne sich selbst vollkommen zu verausgaben – nach dem Vorbild Jesu. Er ist bei euch und hilft euch dazu, dass dies gelingt. „Ich bin bei euch alle Tage" (Mt 28,20), lautet seine Verheißung – in guten und bösen Tagen. Er trägt eure Liebe durch und macht sie fruchtbar.
Ihr werdet Kindern das Leben schenken als Erweis, dass Liebe Leben schenkt. Kinder sind die Offenbarkeit der Liebe Gottes als Lebensmitteilung durch die Eltern. Eure Kinder werden geprägt sein durch eure In-

vestition an Zeit, Geduld und Ausdauer. Aber alles mit Liebe! Hätte die Erziehung die Liebe nicht, würde sie bittere Früchte tragen. Überhaupt: Hätte das Leben die Liebe nicht als inneres Wesen und als „Dreingabe“, gäbe es auch keine Gemeinschaft und keine Gemeinde.
Liebe Violeta, lieber Björn, pflegt die Liebe zwischen euch als Gabe Gottes und Hausaufgabe für euch und erhaltet sie als stets neue Dreingabe eures ehelichen Lebens. Neben aller geteilten Mühsal lebt die Ehe von der leibhaftigen liebevollen Geste, sie lebt von den geheimnisvollen Zeichen des Glaubens für die Seele und sie lebt vom liebenswerten geistigen Austausch der Meinungen.
Liebes Brautpaar, die liebenswerte Dreingabe des Lebens, wie wir sie aus dem Brief an die Korinther gehört haben, sei euer Lebensprogramm. Begonnen durch ihn und ausgerichtet auf ihn, wird Christus das Liebevolle und das Liebenswerte eurer Ehe fusionieren und mit seiner Liebe vereinen. So hat in ihm euer Leben unaufhörlich Bestand.

Gasthaus der Gnade

Am gleichen Tag waren zwei von den Jüngern auf dem Weg in ein Dorf namens Emmaus, das sechzig Stadien von Jerusalem entfernt ist. Sie sprachen miteinander über all das, was sich ereignet hatte. Während sie redeten und ihre Gedanken austauschten, kam Jesus hinzu und ging mit ihnen. Doch sie waren wie mit Blindheit geschlagen, so dass sie ihn nicht erkannten. So erreichten sie das Dorf, zu dem sie unterwegs waren. Jesus tat, als wolle er weitergehen, aber sie drängten ihn und sagten: Bleib doch bei uns; denn es wird bald Abend, der Tag hat sich schon geneigt. Da ging er mit hinein, um bei ihnen zu bleiben. Und als er mit ihnen bei Tisch war, nahm er das Brot, sprach den Lobpreis, brach das Brot und gab es ihnen. Da gingen ihnen die Augen auf und sie erkannten ihn; dann sahen sie ihn nicht mehr. Und sie sagten zueinander: Brannte uns nicht das Herz in der Brust, als er unterwegs mit uns redete und uns den Sinn der Schrift erschloss? Noch in derselben Stunde brachen sie auf und kehrten nach Jerusalem zurück und sie fanden die Elf und die anderen Jünger versammelt. Diese sagten: Der Herr ist wirklich auferstanden und ist dem Simon erschienen. Da erzählten auch sie, was sie unterwegs erlebt und wie sie ihn erkannt hatten, als er das Brot brach.

Aus dem Evangelium nach Lukas 24,13–16.28–35

Auf verborgene, aber wirksame Weise ist unser Lebensweg umfangen von der Wirklichkeit des Auferstandenen. Das durften Sie, liebes Jubelpaar, erfahren, als Sie im Laufe Ihres Lebens mehrmals umgezogen sind. Der erste, sogar einschneidende „Umzug" war die Vertreibung aus Ihrem gemeinsamen Heimatort Solymar, 15 km von Budapest entfernt. Dies bedeutete für alle, menschlich gesehen, eine totale Entwurzelung.
Für Sie, liebe Frau Strack, war der Verlust noch etwas schmerzlicher,

Tiefgreifende Begegnungen sind wie Geschenke von Gott, mit denen wir nicht gerechnet haben.
Ein Bild für die Liebe Gottes ist die Unermesslichkeit des Ozeans. Im Alten Orient sah man sich deshalb umgeben von einem riesigen Ur-Ozean. Es ist ein Bild dafür, wie wir von der unermesslichen Liebe Gottes umfangen, gehalten und getragen sind. Die Liebe ist das Band, welches die ganze Welt umfängt.
Liebe Diana, lieber Christoph, im Sommer 2005 verbrachten Sie Ihren Urlaub auf Mauritius. Ohne es zunächst zu wissen, waren Sie in einem Hotel untergebracht, in dem viele Paare ihre Flitterwochen verbringen. Da hat Ihnen Gott etwas geschenkt in einer Stunde der inneren Sammlung und Klarheit. Sie standen am Abend am Strand, und im Blick auf den Ozean wurden Sie gewahr: Die Liebe muss ewig sein, man kann aus ihr schöpfen, ohne dass sie ausgeht, denn die Liebe ist aus Gott. Es war windstill und der Mond schien. Ich kann mir vorstellen, es war ein Moment von Herzensruhe und Herzensvereinigung: Da haben Sie sich verlobt. Dieses Geschenk Gottes werden Sie niemals vergessen und Sie sagten mir: „Wir brauchen jetzt keine Flitterwochen mehr."
Am Rand des Ozeans wird uns klar, diese Erfahrung ist jedem möglich: Die Vorgegebenheiten des Lebens stammen aus Gott – wie das Meer und das Festland. Es gibt das Auf und Ab der Wellen, aber inmitten der Bewegungen des Lebens brauchen wir einen sicheren Standpunkt. Das ist der Glaube an Gott, der alles trägt. So haben Sie sich füreinander entschieden und sich entschlossen: Auf diesem festen Grund wollen wir unser Lebenshaus in der Ehe weiter auf- und ausbauen, gemeinsam mit unseren Kindern.
Unser Leben ist Ausdruck der Liebe Gottes in konkret fassbaren Formen. Die Liebe geht bis aufs Blut. Blut aber fließt durch die Gefäße. Blutdruck und Herzschlag beleben den Körper. Manchmal erleben wir unseren Alltag recht eng; das erzeugt oft Überdruck. Ein gewisser „Druck" ist aber auch notwendig, damit etwas fließt und geht. Unser Leben, die Arbeit und der Alltag, ist die Fassung für die Liebe Gottes,

darin fließt und strömt sie wie eine gewaltige Kraft. Für den Herz-Schlag aber sorgt Gott selbst; er ist der Impulsgeber: Durch die Geburt, das Leben, das Leiden und Sterben Christi und seine Auferstehung hat Gott aus sich selbst heraus der Welt ein neues Herz gegeben, das in Ewigkeit nicht aufhört für uns zu schlagen. Für Ihren konkreten Ehe-Alltag bedeutet das: „Das Wort Christi wohne mit seinem ganzen Reichtum bei euch."

Liebes Brautpaar, geben Sie Ihrer Ehe immer wieder neue Impulse durch das Wort Christi, das bei Ihnen wohnen will. Denn das Wort Gottes, das ist Jesus Christus in Person, ist der „Herz-Schritt-Macher" für Ihre Ehe. Christus bringt Ihre „Ehe vor Gott" voran.

Liebes Brautpaar, lassen Sie auf diese Weise Ihre Ehe zum Gefäß der Liebe Gottes werden! Tun Sie alles, damit dieses Gefäß der „Ehe im Herrn" gesund bleibt.

Sie haben in Ihre Ringe eingraviert: „Ich liebe dich auf ewig aus ganzem Herzen." Das ist möglich, weil Gott uns in Jesus Christus sein Herz geschenkt hat. Durch ihn sind wir auf ewig angesprochen und angeschaut, gehalten und getragen.

Siegel aufs Herz

Schön bist du, meine Freundin, ja, du bist schön.
Zwei Tauben sind deine Augen.
Schön bist du, mein Geliebter, verlockend.
Frisches Grün ist unser Lager, Zedern sind die Balken
unseres Hauses, Zypressen die Wände.
Ich bin eine Blume auf den Wiesen des Scharon,
eine Lilie der Täler.
Eine Lilie unter Disteln ist meine Freundin unter den Mädchen.
Ein Apfelbaum unter Waldbäumen ist mein Geliebter unter den Burschen. In seinem Schatten begehre ich zu sitzen. Wie süß schmeckt seine Frucht meinem Gaumen!
Ich gehöre meinem Geliebten und ihn verlangt nach mir.
Komm, mein Geliebter, wandern wir auf das Land, schlafen wir in den Dörfern. Früh wollen wir dann zu den Weinbergen gehen und sehen, ob der Weinstock schon treibt, ob die Rebenblüte sich öffnet, ob die Granatbäume blühen. Dort schenke ich dir meine Liebe. Die Liebesäpfel duften; an unsrer Tür warten alle köstlichen Früchte, frische und solche vom Vorjahr; für dich hab' ich sie aufgehoben, Geliebter.
Wer ist sie, die aus der Steppe heraufsteigt, auf ihren Geliebten gestützt? Unter dem Apfelbaum hab' ich dich geweckt, dort, wo deine Mutter dich empfing, wo deine Gebärerin in Wehen lag.
Leg mich wie ein Siegel auf dein Herz, wie ein Siegel an deinen Arm! Stark wie der Tod ist die Liebe, die Leidenschaft ist hart wie die Unterwelt. Ihre Gluten sind Feuergluten, gewaltige Flammen. Auch mächtige Wasser können die Liebe nicht löschen; auch Ströme schwemmen sie nicht weg. Böte einer für die Liebe den ganzen Reichtum seines Hauses, nur verachten würde man ihn.

Aus dem Hohelied 1,15–2,3;7,11–14;8,5–7

Jetzt sind die Herzen bereit zur Hochzeit!

Das ist unser gemeinsamer Eindruck.

Was wir Menschen nicht sehen können, ist das Herz. Unser biologisches Herz kann man inzwischen durch die Kunst der Medizin austauschen. Aber das je eigene Herz der Persönlichkeit bleibt unverwechselbar und einzigartig.

Liebe Zuzanna, lieber Lukas, es geht heute an diesem Festtag um Ihre beiden Herzen, die sich gefunden haben. Sie haben das sehr schön im Heft „Unsere Trauung" dargestellt. Sie haben mir erzählt, wie Sie sich zunächst gesehen haben und dann immer mehr innegeworden sind, dass Sie zusammengehören. Viel haben Sie dafür „in Kauf" genommen.

Über Ihre Herkunftsfamilien kannten Sie sich von klein auf, später sahen Sie sich so alle zwei bis drei Jahre einmal. Dann lernten Sie einander immer mehr kennen und haben sich schließlich immer öfter getroffen. So haben Sie zunehmend die herzliche Übereinstimmung zwischen Ihnen wahrgenommen. In der Folge führten Sie eine so genannte Fernbeziehung – Sie sahen sich nur übers Wochenende. Lieber Lukas, Sie sind jedes Wochenende 500 km von Gießen aus hierhergefahren und haben zusätzlich gearbeitet, um das Benzingeld bezahlen zu können. Auf diese Weise haben Sie miteinander in Ihrer Kennenlerngeschichte Nähe und Distanz genügend ausgelotet und sind zu dem Ergebnis gekommen, dass Ihre Herzen für immer zusammenpassen.

Was zwischen Ihnen gewachsen ist an Liebe, Vertrauen und Zuneigung, das tun Sie jetzt allen kund: Sie sind bereit, einander etwas zu schenken, das Zukunft eröffnet und hinter das Sie nicht mehr zurückgehen wollen. Ihre Liebe soll ein bleibendes Siegel erhalten.

Sie haben auch gemerkt, dass für die Harmonie des Herzens die Entfernung keine Rolle spielt. Vielleicht ist es sogar so, dass die Sprache des Herzens umso mehr wirken kann, je größer die Distanz ist.

Deswegen war es für Jesus Christus auch kein Problem, nach seinem Erlösungswerk zum Vater heimzukehren. Denn er hat ja sein Herz hiergelassen – bei seinen Jüngern und in der Kirche. In einem Lied singen wir: „Gott hat ein Herz für den Menschen: Jesus ward einer von uns" (Gottes-

lob 552,1). Jesus hat uns eindeutig eingeladen: Bleibt in meiner herzlichen Liebe!
Darin erkennen wir auch den Grund, dass Sie beide sich heute hier eingefunden haben. Sie haben in sich hineingehorcht und sich vergewissert, dass genau dieser Mann bzw. genau diese Frau „von Gott kommt“. Das heißt, der lebendige Gott hat Sie einander zugeführt über den jeweiligen „Funkkontakt“. Deswegen stehen Sie jetzt vor dem Traualtar, weil Ihnen überaus deutlich geworden ist, dass Ihr Leben mit Gott zu tun hat und Sie Ihren Lebensbund, den Bund der Ehe, konsequent auch Gott weihen möchten. Sinnbildlich dafür steht Ihre Hochzeitskerze auf dem Altar.
Es ist notwendig, mit Christus verbunden zu bleiben. Diese Verbundenheit kommt zum Ausdruck durch sinnfällige Zeichen. Es gilt: in die Augen, in den Sinn! Um auf Christus schauen zu können, brauchen wir Zeichen, große und kleine. Schon im Altertum trug man mit einer Kette oder Schnur ein Schmuckstück um den Hals, so dass es auf der Brust zu liegen kam. Dieses Siegel auf der Brust war das Zeichen, untrennbar mit dem Geliebten verbunden zu bleiben.
Deswegen können wir die Bitte aus dem Hohelied vor allem auf Christus beziehen. Seine Liebe möge unser Herz prägen, unwiderruflich und unauslöschlich. Die Liebe Christi, die aus seinem Herzen strömt, vereint im Sakrament der Ehe Ihre Herzen zu einem untrennbaren Lebensbund. So können Sie miteinander „in nichts mehr ganz allein, vereint an Leib und Herzen, einander Antwort sein“ (Gotteslob 74,2) und miteinander auf Gott hin leben.
Der Kreislauf der Liebe zu Gott entströmt dem Herzen Jesu. Lassen Sie in Ihrer Lebensgemeinschaft der Ehe das Herz Jesu pochen!

Vollendung im Blick

Dann sah ich einen neuen Himmel und eine neue Erde; denn der erste Himmel und die erste Erde sind vergangen, auch das Meer ist nicht mehr. Ich sah die heilige Stadt, das neue Jerusalem, von Gott her aus dem Himmel herabkommen; sie war bereit wie eine Braut, die sich für ihren Mann geschmückt hat. Da hörte ich eine laute Stimme vom Thron her rufen: Seht, die Wohnung Gottes unter den Menschen! Er wird in ihrer Mitte wohnen, und sie werden sein Volk sein; und er, Gott, wird bei ihnen sein.

Aus dem Buch der Offenbarung 21,1–3

Sie haben jemand gefunden, dass Sie nicht mehr allein sind. Nur so kommt der Mensch zur vollen Blüte seines Lebens. Damit entsprechen Sie der biblischen Grundwahrheit: „Es ist nicht gut, dass der Mensch allein bleibt" (Gen 2,18).

Als Sie sich vor viereinhalb Jahren kennengelernt haben, sind Sie miteinander in Karlsruhe spazieren gegangen. Eine Stadt ist immer Zeichen für pulsierendes Leben. Heute machen Sie sich auf den Weg in die Stadt Gottes. Heute sind Sie auch nicht allein, sondern mit vielen Gästen zusammen. Das Wichtigste aber ist: Ein Anderer gesellt sich zu Ihnen, es ist der Auferstandene, der Dritte im Bunde. Er ist zugleich derjenige, der Sie in der heiligen Stadt erwartet. Als unübersehbares Zeichen dafür schwebt über uns der romanische Radleuchter als Abbild des himmlischen Jerusalem. Dorthin sollen wir gelangen und wir wollen es schaffen! Unser Leben und unsere Liebe sollen in jene Vollendung kommen, die bleibt. In einem Psalm heißt es dazu: „Schon stehen wir in deinen Toren, Jerusalem, du starke Stadt, dicht gebaut und fest gefügt" (Ps 122,2–3).

Liebes Brautpaar! Heute sind Sie damit besonders gemeint.
Jede Stadt besaß früher eine Stadtmauer. Hier auf der Comburg (gegründet 1079) können wir sogar noch auf dieser Mauer herumgehen. Außerhalb der Stadtmauer herrschte Unsicherheit, aber alles innerhalb der schützenden Mauer befand sich im Einflussbereich der Stadtregierung, ihre Bewohner waren in Sicherheit.
Mit der kirchlichen Trauung sind Sie heute unter den Torbogen der heiligen Stadt Gottes gekommen. Gemeinsam stehen Sie „im Tor". Alle Hochzeitsgäste sind Trauzeugen. Sie alle bezeugen, dass diese beiden – Verena und Stefan – sich trauen, in das Tor der himmlischen Stadt, in ihre Mauern, zu kommen, und zwar mit dem zuversichtlichen Blick auf die Mitte, in der Gott wohnt.
Sie, liebes Brautpaar, beginnen Ihren gemeinsamen Lebensweg mit diesem Blick auf Gott, mit der Ausschau auf die heilige Mitte der himmlischen Stadt Jerusalem.
Liebe heißt, gemeinsam in die gleiche Richtung zu schauen. Wir sprechen vom Sakrament der Ehe und meinen damit, sich vom lebendigen Gott her als Empfangende zu wissen. Nur die Liebe selbst kann Liebe schenken. Wir leben nicht aus uns selbst, sondern aus Gott. Wir lieben nicht aus uns selbst, sondern aus Gott. Damit wird deutlich, dass Gott, der unverfügbare Grund unseres Lebens, in seiner Liebe uns Anteil gibt an seiner ewigen Liebe. Durch das Sakrament der Ehe werden Sie, liebes Brautpaar, damit verbunden. Deshalb lohnt sich für Sie als Eheleute das Engagement füreinander in unverbrüchlicher Treue.
Bereits jetzt befinden Sie sich im Einflussbereich der heiligen Stadt, das meint auch die Gemeinschaft mit ihren Bewohnern, den Seligen und Heiligen. Deren Lebensentwurf ist durch das Vertrauen auf die Gnade und den Beistand Gottes vollgültig bestätigt worden. Sie dienen uns als Beispiele und sind Vorbilder, dass unser Leben gelingen wird und im Glauben an Gott zur Unvergänglichkeit heranreift. Zugleich dürfen wir uns vergewissern, dass auch unsere verstorbenen Angehörigen aufgrund ihres Glaubens und ihrer Liebe im Bereich des himmlischen Jerusalem ihre Heimstatt für immer gefunden haben. Auf dem Radleuchter stehen keine Namen, deswegen sind alle gemeint.

Liebes Brautpaar! Auf dem Weg vom Tor zur Mitte müssen Sie zusammenhalten, es ist notwendig, dass Sie einander stützen und wärmen oder kühlen, um füreinander die Ehe in der „richtigen Temperatur“ zu halten. Manchmal muss der eine sich umdrehen und Bälle von außen abwehren, während der andere Ehepartner zuversichtlich nach vorne schaut. Es gibt eben auch viel Unvollkommenes auf dem Weg.
Aber: Gott wird das Gute, das er begonnen hat, vollenden! Diese Verheißung und Zusage Gottes entlastet. Wir brauchen nicht perfekt zu sein. Vollkommen ist niemand! Aber jeder ist eingeladen, nach der Vollkommenheit der Liebe zu streben.
Die Stadtmauer ist nichts anderes als der Ring der Liebe Christi, das meint sein Erlösungswerk, durch das er Mensch und Welt in sein Herz geschlossen hat. Das Herz Jesu ist die Mitte der heiligen Stadt. Diese Quelle der Liebe und Gegenwart Gottes als Mitte des Kreises speist alle innerhalb des Stadtringes. Christus ist die Mitte und Umfang der Liebe in einem.
Liebe Verena, lieber Stefan, zu dieser Liebe sind Sie berufen. Wir alle geben Ihnen nun die Rückendeckung für Ihre Ehe im Herrn, damit Sie die Liebe in der Ehe so leben können, wie es dem Willen Gottes entspricht. Zuversichtlich erwarten wir mit Ihnen die Herabkunft des himmlischen Jerusalem zur Aufnahme und Vollendung der ganzen Welt.

Ewige Verbundenheit

Ihr seid von Gott geliebt, seid seine auserwählten Heiligen. Darum bekleidet euch mit aufrichtigem Erbarmen, mit Güte, Demut, Milde, Geduld! Ertragt euch gegenseitig und vergebt einander, wenn einer dem andern etwas vorzuwerfen hat. Wie der Herr euch vergeben hat, so vergebt auch ihr! Vor allem aber liebt einander, denn die Liebe ist das Band, das alles zusammenhält und vollkommen macht.

Aus dem Brief an die Kolosser 3,12–14

Ein großer Lebensbogen spannt sich von damals bis heute über Sie, liebes Jubelpaar. Wenn wir an das Alte Testament denken, ist es der Regenbogen, das Zeichen des Bundes Gottes mit den Menschen. Reicher Se-gen ist denjenigen verheißen, welche im Vertrauen auf diesen Bund Gottes mit den Menschen ihr Lebenshaus bauen. Der „Verbündete" in Ihrer Ehe, liebes Jubelpaar, ist also Gott selbst; er hat Sie zusammengeführt und Ihren ehelichen Bund gesegnet. Schauen wir zunächst gemeinsam zurück.

„Was hast du denn da hinten für eine drauf?", so haben Sie, lieber Herr Riedel, Ihren Schulfreund gefragt, als er damals am Sonntagabend mit dem Motorrad vorbeikam, angehalten und gegrüßt hat. Was zunächst eine gewöhnliche Neugierde verursachte, das löste eine ungewöhnliche Liebesgeschichte aus. Sie solle doch die „Kappe" herunternehmen, war dann des jungen Mannes nächstes Begehr. Nach der ersten Inaugenscheinnahme folgte die spontane Einladung in die Wirtsstube. Bei Licht besehen, hielt damals ganz entscheidend die Liebe Einzug in die Herzen der beiden, die heute ihren hohen Festtag der Goldenen Hochzeit feiern können.

Liebes Jubelpaar, Sie beide sind im Sudetenland in der gleichen Stadt, in Schluckenau, aufgewachsen. Das bildete wohl auch den Hintergrund für

die sich anschließende Liebesgeschichte: Sie haben sich abwechselnd jede Woche einmal geschrieben in der damals noch üblichen klassischen Form des so genannten „Liebesbriefes“. Wer schreibt, muss sich konzentrieren, dann wird einem dabei manches bewusster.
Heute feiern wir gemeinsam in großer Dankbarkeit Ihre Lebens- und Liebesgeschichte.
Seit Ihrer Hochzeit am 28. Dezember 1957 hier in St. Joseph haben Sie das Leben und die Liebe 50 Jahre lang geteilt und reich vermehrt. Aus Ihrer Ehe gingen zwei Söhne hervor, einer war Ministrant wie Sie selbst, lieber Herr Riedel, damals in Ihrer Heimatstadt. Auch Großeltern sind Sie inzwischen geworden und sind stolz auf vier Enkelkinder.
Im Kolosserbrief haben wir das Vermächtnis Jesu aus dem Neuen Testament vernommen: „Ihr seid von Gott geliebt, seid seine auserwählten Heiligen!“ Diese Erwählung in Liebe wartet auf Antwort.
Liebes Jubelpaar! Mit Ihrem ganzen Leben haben Sie geantwortet, 18.262 Tage haben Sie miteinander und füreinander eingeübt: Güte, Demut, Milde, Geduld, Dankbarkeit und Erbarmen. Wie eine Fliese nach der anderen gelegt wird, so hat der Herrgott die Tage Ihrer Ehe geschenkt und gefügt. Die Fuge dazwischen besteht gleichsam aus Liebe, weil Gott die Liebe ist (vgl. 1 Joh 4,8). Nur die Liebe in den Zwischenräumen und die Liebe in den Zwischentönen und die Liebe zwischen den Zeilen macht das Leben wunderbar!
„Vor allem aber liebt einander, denn die Liebe ist das Band, das alles zusammenhält und vollkommen macht.“ Die Liebe als Band, mit dem Gott die Welt umfangen hat, ist die Liebe Christi. Die Liebe Christi ist auch das Band, das Gott um das Leben eines jeden Menschen gelegt hat. Durch Christus empfangen wir die Fülle des Lebens, somit wird das Band geweitet zum vollkommenen Kreis.
Ihre beiden Lebenskreise, liebe Frau Riedel und lieber Herr Riedel, haben nunmehr 50 Jahre gemeinsame Schnittfläche und in der Mitte scheint Christus auf wie in einer Mandorla.
Weil aber alles in unserem Leben von Christi Liebe „eingefasst“ ist, brauchen wir nicht zu erschrecken, wenn die Lebenskräfte erlahmen. „Der

Herr hat gegeben, der Herr hat genommen" (Ijob 1,21), das gilt auch für unsere Vitalität.

Wenn Sie sich jetzt fragen: 50 Jahre, wo sind sie geblieben?, dann lautet die Antwort: in den Herzen Ihrer Angehörigen. Was die Liebe hervorgerufen hat und was in Liebe getan wurde, das ist nie umsonst, sondern das bleibt als Lebenswerk unter den Menschen und vor Gott! Deswegen ist unser ganzes Leben aufgehoben in Gott. Wir wissen: Der Glaube an die Auferstehung ist der Ausgangspunkt des Christentums. Der Bund Gottes mit den Menschen ist nicht nur – im Bild gesprochen – der Halbkreis über der Erde. Alles Absterben der Lebenskräfte und schließlich das Sterbenmüssen ist unterfangen durch die Allmacht Gottes, die in Liebe die Auferstehung bewirkt. Im Verbund mit Christus gibt es eine Auferstehung zum Leben, das gilt übrigens auch, wenn eine Ehe am unteren Todpunkt angekommen ist. Der Bund Gottes mit den Menschen gilt also auch für den Halbkreis unter der Erde. Nur so ist der Bund Gottes mit uns Menschen perfekt – im Bild eines vollkommenen Kreises.

Liebes Jubelpaar! Die eigene Kirche vor Ort war Ihnen beiden auch immer ein Herzensanliegen. Sie waren fleißige Kirchgänger und sind es jetzt noch je nach Möglichkeit. Lieber Herr Riedel, Sie haben damals mitgeholfen beim Bau der Kirche Christus König. Immer wieder haben Sie dort gemeinsam den Herrn besucht, so können Sie den „Bausparvertrag für die himmlische Wohnung" einmal prompt einlösen.

Liebe Mitchristen, mit solchen, auch gewagten Bildern erschließt sich uns die jenseitige Wirklichkeit, an der wir schon jetzt Anteil erhalten und in der alles gut aufgehoben ist. Alles Gute und alle Liebe bleibt, weil Gott selbst alles umfängt und vollkommen macht, was noch fehlt.

Deswegen können wir heute auch unbeschwert feiern. Gott hat Wohlgefallen an uns, wenn wir alles mit einem großen Vertrauen in seine Hände legen: das Glück, den Schmerz, den Anfang und das Ende!

Herz am Ohr

Daher soll sich niemand eines Menschen rühmen. Denn alles gehört euch; Paulus, Apollos, Kephas, Welt, Leben, Tod, Gegenwart und Zukunft: alles gehört euch; ihr aber gehört Christus und Christus gehört Gott.

Aus dem ersten Brief an die Korinther 3,21–23

Als Getaufte sind wir Gott geweiht – durch Christi Kraft und Zeichen. Liebes Brautpaar, beim Einzug in die Kirche haben Sie Weihwasser genommen. Es ist eigentlich ein Tauferinnerungswasser.
Getauft sein bedeutet: Wir gehören nicht mehr uns selbst, sondern „Christus und Christus gehört Gott". Mit anderen Worten: Wir haben ein Gehör bekommen für Gott, wir sind Gott gehorsam. Dieser Gehorsam ist wie ein großes Geschenk. Denn wer auf Gott zu hören vermag, hat Funkkontakt zum Herzen Gottes. „Gott ist die Liebe" (1 Joh 4,16). Dieser Funkkontakt zwischen Gott und Mensch besteht, seitdem der allmächtige Gott die Welt erschaffen hat.
Bei der gemeinsamen Arbeit in der gleichen Firma haben Sie sich vor dreieinhalb Jahren kennengelernt. Dabei haben Sie sich ganz schön aneinander „herangearbeitet". Aus dem flüchtigen Kennen ist ein tiefgehendes Erkennen geworden. Was Gott verborgen in den Herzen der Menschen wirkt, das bleibt zunächst verborgen, doch schließlich wird es offenbar.
Was zwischen Ihnen gewachsen ist an Liebe, Vertrauen und Zuneigung, das tun Sie jetzt allen kund: Sie sind bereit, einander etwas zu schenken, das Zukunft eröffnet und hinter das Sie nicht mehr zurückgehen wollen. Ihre Liebe soll ein bleibendes Siegel erhalten. Dieses ist eine Bestätigung von Gott her und eine Bestätigung von den Menschen her. Die Zustimmung zu Ihrem persönlichen Ja füreinander vermag Ihren Lebensbund umso mehr zu tragen.

Wir haben den Eindruck: Sie passen zueinander und den Rest macht Jesus Christus passend!
Aber, liebe Mitchristen und Festgäste, was würden wir denn anfangen, wenn die Liebe Gottes unter uns nicht offenbar geworden wäre? „Gott hat seinen einzigen Sohn in die Welt gesandt, damit wir durch ihn leben" (1 Joh 4,9). So hat die Liebe Gottes im Christkind Hand und Fuß bekommen. Und für Sie beide, lieber Bräutigam, liebe Braut, hat diese Liebe nun ebenfalls konkrete Gestalt gewonnen und Hand und Fuß bekommen: in der Frau, die neben Ihnen steht, bzw. in dem Mann an Ihrer Seite.
Doch – Vorsicht! – die Person, die neben Ihnen steht, ist ja aufgrund der Taufe Gott geweiht. Kai Becker gehört Gott. Kerstin Ivanovic gehört Gott.
Nun empfangen Sie die Bestätigung, dass Sie miteinander Gott gehören. Im Auftrag der Kirche bestätige ich Ihre Gewissheit füreinander. Sie werden vor Gott einander anvertraut, Sie legen Ihre Ehe in die Hand Gottes, der für Ihren ehelichen Lebensbund die Schirmherrschaft übernimmt. Die vielen Details der Liebe zwischen Mann und Frau, welche die Ehe gelingen lassen und glücklich machen, wird Gott Ihnen schenken. Und er, der Höchste, der gute Vater im Himmel, steht in seiner Treue zu Ihnen. Er wird das Gute, das er begonnen hat, vollenden. Er wird die Liebe, die in uns wohnt, zur Vollendung führen. Das Ziel unseres Lebens ist Gott, und wenn wir das Ziel kennen, kommen wir auch dort an!
Um auf der Zielgeraden zu bleiben, ist es für unterwegs wichtig, auf Christus zu hören und auf Christus zu schauen. Damit ist aber auch der Schwierigkeitsgrad für unsere moderne Lebenswelt genannt. Können wir wirklich hören bei dem vielstimmigen Lärm unserer Tage? Können wir wirklich schauen bei der täglichen Bilderflut? Da braucht es die stillen Oasen am Rande des Alltags. Die Ehe braucht die Oase mit dem Brunnen in der Mitte. Auf der ruhigen Wasseroberfläche spiegelt sich das Gesicht, das Gesicht der Liebe.
Liebes Brautpaar, am Eingang und am Ausgang des Tages in den Taufbrunnen zu schauen bedeutet: Von Gott kommt die unerschöpfliche Liebe, sie geht nie aus, denn „Gott ist die Liebe!" (1 Joh 4,8).

Sie ist der Grund Ihrer Anvertrauung. Nachdem Sie einander erkannt haben als den Mann bzw. als die Frau, können Sie mit großer Zuversicht nach vorne schauen. Wer an Christus glaubt, sitzt am Brunnen der Lebensmitteilung Gottes. „Ich habe euch alles mitgeteilt, was ich von meinem Vater gehört habe" (Joh 15,15). Was uns der geliebte Sohn des Vaters vom Herzen Gottes her mitgeteilt hat, übersteigt all unsere Erwartungen und Vorstellungen.

Diese Mitteilung ist verbindlich und im Evangelium nachzulesen, sie gestaltet den Bund Gottes mit den Menschen. Die Lebensgemeinschaft von Mann und Frau als Abbild des Bundes Gottes mit den Menschen gestaltet diese Lebensmitteilung aus. Der Mensch ist Träger und Informant der Liebe Gottes. Im Sakrament verbindet sich göttliche und menschliche Liebe zur bleibenden Gestalt von Ewigkeit.

Natürlich gilt es, diese Zusage Tag für Tag durchzubuchstabieren. Manches wird auch mühselig sein, manches sieht aus wie eine trockene Wüstenstrecke. Aber wir sind getauft auf den Tod und die Auferstehung Christi, seine Jünger haben seine Auferstehung erfahren. Er begleitet unsere Wege und er ist bei uns. Ihnen, liebes Brautpaar, gilt die sichere Verheißung: Er ist bei Ihnen. Der Herr begleitet Sie auf dem langen Weg Ihrer Ehe! Sie sind eingeweiht in das Geheimnis seiner Liebe. Durch Christus weihen Sie Ihren Lebensbund heute gemeinsam Gott. Das Hören und Gehören führt in die Vollendung, die Gott bereitet.

Zwei in eins

Dann sprach Gott, der Herr: Es ist nicht gut, dass der Mensch allein bleibt. Ich will ihm eine Hilfe machen, die ihm entspricht. Da ließ Gott, der Herr, einen tiefen Schlaf auf den Menschen fallen, so dass er einschlief, nahm eine seiner Rippen und verschloss ihre Stelle mit Fleisch. Gott, der Herr, baute aus der Rippe, die er vom Menschen genommen hatte, eine Frau und führte sie dem Menschen zu. Und der Mensch sprach: Das endlich ist Bein von meinem Bein und Fleisch von meinem Fleisch. Frau soll sie heißen, denn vom Mann ist sie genommen. Darum verlässt der Mann Vater und Mutter und bindet sich an seine Frau und sie werden ein Fleisch.

Aus dem Buch Genesis 2,18.21–24

Es ist schon etwas Besonderes, in dieser altehrwürdigen Klosterkirche zu heiraten. Zudem besitzt dieser Ort den ausgezeichneten Namen „Gnadental". Hier also beginnt unwiderruflich Ihr gemeinsamer Weg in die Ehe. Unwiderruflich deshalb, weil die Liebe sich bleibend verschenken will. Hinter das Engagement mit- und füreinander möchten Sie beide nicht mehr zurück. Sie sind bereit, die gewachsene Liebe und Treue besiegeln zu lassen. Dieses offizielle Siegel bekommen Sie durch die kirchliche Trauung. Denn die Liebe will auch Bestätigung. Alle, die zu Ihrer Hochzeit gekommen sind, werden zu Zeugen.

Liebe Festgemeinde, Sie nehmen als Trauzeugen wahr, dass die beiden, Viviane und Frank, sich trauen, sich trauen zu lassen.

Romantisch hat es angefangen: Ein junges Mädchen namens Viviane spielt Tenorflöte und mag Pferde und Reiten. Alles tritt in den Hintergrund, als sie auf dem Fußballplatz jemandem zuschaut – und dieser „Jemand" steht jetzt neben ihr: Frank! Sieben Jahre ist das her und seit vier Jahren ist eine feste Bindung daraus geworden.

ander Ihr Versprechen abgegeben, miteinander und füreinander als Mann und Frau durchs Leben zu gehen.

Nicht allein, denn: „Der Herr sei mit euch!" Der Herr Jesus Christus hat Sie geführt und geleitet bis zur Feier der Goldenen Hochzeit hier in der Kirche. Jetzt gilt die Bitte an ihn: „Herr, bleibe bei uns, denn unsere Tage haben sich schon etwas geneigt" (vgl. Lk 24,29).

Liebes Jubelpaar! Das ist der Grund für unseren Gottesdienst heute: Sie möchten durch Jesus Christus Gott, dem Vater, danken für die gemeinsamen 50 Ehejahre, die aus seiner guten Vaterhand gekommen sind. Auch ist der Grund dafür ganz klar genannt: „Ihr seid in Gottes Gnade" (Kol 3,16).

Darauf haben Sie gemeinsam gebaut und darauf können Sie miteinander auch in Zukunft vertrauen. Aufgrund dieser Gnade und mit dem Segen von oben haben Sie zusammen Höhen und Tiefen bewältigt und können heute auf ein gelungenes „Kunstwerk" schauen: 50 Ehejahre in Liebe und Treue haben einen goldenen Rahmen bekommen.

Doch wo sind 50 Jahre nun geblieben? In der Erinnerung tauchen sie wieder auf. Vor allem haben Sie vier Kindern das Leben geschenkt. Daraus wurde inzwischen eine Großfamilie mit neun Enkeln und sogar einer Urenkelin. Die Altersspanne erstreckt sich von einem Jahr bis zu 26 Jahren. Die verwandtschaftliche Beziehung reicht rund um den Globus, zum Beispiel ist der jüngste Enkel in Sydney geboren. Damit können Sie, liebes Jubelpaar, erkennen, wie die Wunder Gottes offenbar werden. Denn was aus den kleinen Anfängen von damals geworden ist, das kann allein Gott bewirken. Das wird zum Anlass eines großen Vertrauens: „Die Liebe ist das Band, das alles zusammenhält und vollkommen macht" (Kol 3,14).

Die Liebe überwindet weite Entfernungen. Sie können inzwischen – dank der Technik – mit dem Sohn und seiner Familie in Australien kommunizieren. Die Liebe überwindet auch die Entfernung zum Himmel, der uns durch die Erlösung in Jesus Christus nahe gebracht wurde.

Liebe Eltern, liebe Geschwister, Ihnen ist deshalb in Jesus auch die schon verstorbene Tochter Petra nahe – allerdings auf verborgene Weise. Die Erinnerung an ihr Leben kommt jetzt vom Himmel her.

ständlich, auch kirchlich getraut zu werden. Sie haben gespürt, es wird mal so langsam Zeit, sich vor den Menschen und vor Gott zueinander zu bekennen als Mann und Frau aufs ganze Leben hin. Es steht Ihnen nun auch frei, in Ihrer Ehe das Christsein zu verwirklichen.

Hier in Deutschland gibt es dafür allerdings auch gewisse Schwierigkeiten. Es sind die vielfältige Ablenkung durch die Medien und die vielen Möglichkeiten, die unsere Zeit beanspruchen. Auch Sattheit und Bequemlichkeit „verfolgen" unser Christsein. Deshalb dürfen Sie erfinderisch sein, Ihr Christsein zu gestalten und der Liebe Christi den Vorzug zu geben.

Zudem hat Gott schon mal vorweg Ihre eheliche Liebe gesegnet. Tatjana, Ihr erstes Kind, ist drei Monate alt. Wenn Sie schon antworten könnte, würde sie bestätigen: Die Welt, in die wir geboren werden, ist von Liebe geprägt. Liebe Eltern, für Ihre Tochter ist die Welt von Ihrer Liebe geprägt. Diese Prägung der Liebe, die durch andere Menschen von Gott herkommt, gibt uns die Kraft, auch im Alltag die Details der Liebe zu beachten.

Liebe Julia, Sie haben in Stuttgart Geschichte studiert. Durch die Geburt Ihres Kindes machen Sie nun Geschichte. Denn jeder Mensch gestaltet diese Welt geschichtlich durch einen konkreten Lebenslauf, der wiederum Auswirkungen hat auf andere. Diese Auswirkung ist nach dem Auftrag Christi die Liebe, die dem anderen das Leben gönnt und alles, was dazu notwendig ist. Es ist die Liebe, die Leben und Freiheit weiterschenkt. Die Liebe ist das Lebensprogramm. Sie ist die eigentliche Lebensqualität im Verbund mit Christus, der die Liebe von Gott her immer neu eröffnet.

Liebes Brautpaar, in Ihrem Lebensentwurf „Ehe im Herrn" können Sie konstruktiv erbauen, erfinden und gestalten und miteinander Ihrer persönlichen Liebe eine bleibende Geschichte geben. Wachsen Sie miteinander weiter in die Dimensionen Christi hinein: in die Länge und Breite, in die Höhe und Tiefe seiner Liebe.

Vertrauensvolle Weichenstellung

Wir sind nicht irgendwelchen klug ausgedachten Geschichten gefolgt, als wir euch die machtvolle Ankunft Jesu Christi, unseres Herrn, verkündeten, sondern wir waren Augenzeugen seiner Macht und Größe. Er hat von Gott, dem Vater, Ehre und Herrlichkeit empfangen; denn er hörte die Stimme der erhabenen Herrlichkeit, die zu ihm sprach: Das ist mein geliebter Sohn, an dem ich Gefallen gefunden habe. Diese Stimme, die vom Himmel kam, haben wir gehört, als wir mit ihm auf dem heiligen Berg waren. Dadurch ist das Wort der Propheten für uns noch sicherer geworden und ihr tut gut daran, es zu beachten; denn es ist ein Licht, das an einem finsteren Ort scheint, bis der Tag anbricht und der Morgenstern aufgeht in eurem Herzen.

Aus dem zweiten Petrusbrief 1,16–19

Was nicht alles so geschehen kann, wenn man täglich zur Arbeit fährt, noch dazu mit dem Zug! Er ist wohl das kommunikativste unter allen Verkehrsmitteln. Und was da Anfang März 2004 auf der Schwäbischen Eisenbahn aus einer scheinbar zufälligen Begegnung geworden ist, das sehen wir heute.

Eine Kollegin von Anja hat ihr Tobias vorgestellt und damit war es um die beiden geschehen. Wenn man täglich mit dem Zug nach Stuttgart fährt, Anja von Murrhardt aus und Tobias von Hall aus, dann ist das die beste Gelegenheit, sich „zügig" kennenzulernen. Sie konnten dann das beruflich Notwendige mit dem Privaten wunderbar verbinden. Während der vergangenen drei Jahre hat sich das Wunder entwickelt. Sie haben sich geprüft und alles gut überlegt. Das Wunder für eine eheliche Beziehung ist offenbar geworden. Willkommen also zu dieser wunderbaren Stunde der Hochzeit und der kirchlichen Trauung!

„Es gibt keine größere Liebe, als wenn einer sein Leben für seine Freunde hingibt“ (Joh 15,13). Die vollkommene Hingabe Jesu Christi zeigt uns die Möglichkeit, es ihm gleichzutun. Ja, es ist sogar sein ausdrücklicher Wunsch: „Liebt einander, so wie ich euch geliebt habe“ (Joh 15,12). Diese frohe Botschaft stimmt uns zuversichtlich, denn Jesus Christus hat uns nichts vorenthalten, was seine Liebe zu uns betrifft. Von Gott gesandt, hat er seine Liebe zu den Jüngern ganz konkret werden lassen. Was also die Liebe betrifft, stimmen bei Jesus Wort und Tat überein, wie überhaupt alles bei Jesus übereinstimmt.
Liebes Brautpaar! Um diese Übereinstimmung von Wort und Tat geht es bei Ihnen jetzt in dieser hochzeitlichen Stunde. Die Worte, die Sie bei der Vermählung einander sagen, hört Gott und hören alle Menschen, die hier zugegen sind. Nur in einer verbindlichen Übereinstimmung eröffnen sie den Weg in die Zukunft. Nur in einer bleibenden und unverbrüchlichen Treue ergeben die Worte der Vermählung ein Fundament, das sicher trägt. Das wünschen wir alle für Sie, dass Ihr Lebenshaus der Ehe auf einer sicheren Basis steht. Es sollen viele, viele schöne Jahre der Ehe und Familie werden. Die Lebensinvestition Ihrer Liebe soll gelingen und reiche Früchte tragen!
Damit diese Worte auch Wirklichkeit werden, brauchen Sie „Sicherheit“. Woher kommt sie?
Lieber Tobias! Als „Systemspezialist für Netzdienste und Sicherheit“ ist Ihnen das Bild vertraut: Sie brauchen eine Hotline, eine Hotline zu Jesus Christus und eine Vernetzung Ihrer Lebensgeschichte mit dem Leben Jesu Christi, der unverbrüchlich verheißen hat: „Seid gewiss: Ich bin bei euch alle Tage bis zum Ende der Welt“ (Mt 28,20). Gerade in den Tagen, die wolkenverhangen und sehr regnerisch sind, dürfen Sie sich erinnern: Er schenkt Ihnen die Kraft der Sonne auch in so genannten „bösen“ Tagen. Sie können bei Jesus Christus, bildlich gesprochen, das Antivirenprogramm bestellen gegen alle Viren, welche die Ehe, wie Gott sie will, angreifen wollen. Nur im lebendigen Verbund mit Jesus Christus bekommt die Ehe eine „Firewall“, die sie in ihrer Einmaligkeit und Heiligkeit zuverlässig schützt.

Ich glaube, lieber Tobias, Sie werden diese „Vernetzung“ mit Jesus Christus zuverlässig einrichten und ausbauen, schließlich waren Sie früher Ministrant. Das Wort Christi, das Sie beide getroffen hat aufgrund Ihrer religiösen Beheimatung, wird Sie im Herzen erreichen und sich noch mehr auswirken. Für Sie beide ist gleichsam der „Morgenstern“ aufgegangen in Ihren Herzen.
Als Sie damals im Zug saßen und miteinander redeten, sind Sie über viele Weichen gefahren, welche die Richtung des Zuges bestimmen. Die Weichen werden gestellt, bevor der Zug darüberfährt. Ist es nicht so, dass Gott in Ihrem Herzen schon vorher eine entscheidende Weiche gestellt hat? Dadurch hat sich für Ihren Verstand und Ihr Gefühl ein innerer Ortswechsel vollzogen. Das heißt, Sie haben eine entscheidende Perspektive bekommen, ein neues Sehen für einander, ein Schauen mit dem Auge des Herzens durch das Licht des Morgensterns. Sie können unwiderruflich im Partner den Mann bzw. die Frau fürs Leben erkennen. Sie stehen jetzt davor, über diese entscheidende Weiche zu fahren.
Nach der Vermählung fährt der Zug unaufhörlich weiter in die Zukunft. Doch Sie haben miteinander inzwischen ein so großes Vertrauen gewonnen und lassen Gott die weiteren Weichen stellen. Die „Fahrkarte“ für die Ehe, die Sie jetzt einlösen, bekommt durch die kirchliche Trauung eine einmalige Gültigkeit. Mit ihr können Sie sicher und gut fahren. Ihre Liebe und Ihre Ehe ist damit im Verbund mit Jesus Christus durch die Kirche sicher und gut vernetzt! Der Tag ist angebrochen und im Glauben an den Herrn, den lichten Morgenstern, bleibt es heller Tag.

Unwiderrufliches Ja

War dieser Entschluss etwa leichtsinnig? Plane ich, wie manche Menschen planen, so dass mein Ja auch ein Nein sein kann? Gott ist treu, er bürgt dafür, dass unser Wort euch gegenüber nicht Ja und Nein zugleich ist. Denn Gottes Sohn Jesus Christus, der euch durch uns verkündigt wurde – durch mich, Silvanus und Timotheus –, ist nicht als Ja und Nein zugleich gekommen; in ihm ist das Ja verwirklicht. Er ist das Ja zu allem, was Gott verheißen hat. Darum rufen wir durch ihn zu Gottes Lobpreis auch das Amen. Gott aber, der uns und euch in der Treue zu Christus festigt und der uns alle gesalbt hat, er ist es auch, der uns sein Siegel aufgedrückt und als ersten Anteil am verheißenen Heil den Geist in unser Herz gegeben hat.

Aus dem zweiten Brief an die Korinther 1,17–22

Man kann nicht immer 17 sein, aber mit 17 Jahren kann man schon mal den Mann fürs Leben gesehen haben. Mit 21 Jahren gilt man als wirklich volljährig, und da kann es einem jungen Mann schon mal geschehen, dass er ein junges Mädchen erspäht, das die Frau fürs Leben werden könnte. Dieses Damals wird heute zur Gegenwart; geistesgegenwärtig und nicht etwa leichtsinnig werden Sie beide – hier und jetzt – Ihre Worte auf die Goldwaage legen. Der Kreis von damals schließt sich heute. Das Band der Liebe wird vollends festgezurrt.

Liebe Katja, Sie gingen spazieren – und wer kam Ihnen da entgegen? „Kennen wir uns nicht?", war Ihre spontane Reaktion.

Damit war nicht nur ein Funkkontakt hergestellt, sondern ein Herzenskontakt: Es hat gefunkt bis tief in die Seele hinein. Für die Tiefe des menschlichen Herzens ist Gott zuständig. Sie haben beide gespürt und sind füreinander innegeworden, dass da Gott am Werk ist. Wenn es eigentlich Gott selbst ist, der unser Leben „bewerkstelligt", dann können

Anfang als Mann und Frau geschaffen. So sind wir aufeinander bezogen und nie allein.

Die höchste und zugleich innigste Lebensgemeinschaft für Mann und Frau ist die Ehe. Die Bibel sagt: „Die Zwei werden ein Fleisch sein" (vgl. Gen 2,24). Sie sind also auf gottgewollte Weise miteinander verbunden.

Liebe Sophia, lieber Michael, die Liebe Gottes war für Sie bis vor kurzem noch nicht so konkret wie jetzt. Doch der Mensch denkt und Gott lenkt. Als Jurist hat Michael alles geplant und ist viel gereist, doch dass er der Frau seines Lebens begegnen würde, daran hatte er nicht gedacht. Sophia hat ihn mit dem Herzen gescannt und ihn, den Kopfmenschen, einfach an der Hand genommen mit dem sicheren Gefühl: „Ja, das ist er!"

Liebe Sophia, mit einem solch herzhaften Zugriff auf der Gefühlsebene hatte Michael nicht gerechnet. Es war Liebe auf den ersten Blick: kurz, heftig, schnell, eine filmreife Szene, und einzig der liebe Gott hat zugeschaut, er, der eigentliche Regisseur Ihres Lebens.

Füreinander konnten Sie die bleibende Gewissheit verspüren: „Ja, das ist er!" und „Ja, das ist sie!" Diese Gewissheit ist ein großes Geschenk, dessen Empfang Ihnen heute von der Kirche gratis bestätigt wird. Das heißt: Sie erhalten das Siegel der Gnade auf Ihre gottgestiftete Verbundenheit. Der Gott und Vater Jesu Christi übernimmt ausdrücklich die Schirmherrschaft für Ihre Ehe.

Liebe Sophia, in der Disco wurden Sie „handgreiflich" mit der nachhaltigen Überzeugung: Wenn es passt, dann passt es. Ihr Wagemut hat sich gelohnt; Michael wusste zunächst nicht, wie ihm geschieht. Plötzlich lief für ihn alles anders und die Sprache des Herzens wurde ihm wichtiger denn je.

Ich lade Sie beide ein, auf Zukunft hin genauso wagemutig zu bleiben und miteinander alle Dinge Ihrer Ehe mutig abzuwägen, vor allem auch in der Hinsicht, ob sie dem Willen Gottes entsprechen. So wie Sie jetzt alles passend für sich machen, so soll es auch passend und stimmig sein auf den Herrn Jesus Christus hin. Er nimmt Sie bei der Hand und wird Sie führen, so dass sein Leben in Ihrem Leben offenbar wird. Im Sakrament der Eucharistie und der Ehe werden Sie mit ihm so innig verbunden, dass Sie

zur leibhaftigen Einheit mit ihm gelangen. Diese Liebe Christi ist als göttliche Lebensmitteilung unwiderruflich, in ihr hat Ihre Ehe Bestand. Auch Ihre Verwandten und Freunde werden Ihnen beistehen als Mitmenschen und Mitglaubende. Bleiben wir in der Liebe verbunden, wie Jesus Christus es will.
Spontan und von Herzen kommend reichen wir Ihnen die Hand, denn als Trauzeugen haben wir Ihre Ergriffenheit voneinander begriffen und stimmen voll und ganz zu. Gottes Segenshand möge Sie schützen und führen.

Voll aufgeblüht

Der Geliebte spricht zu mir: Steh auf, meine Freundin, meine Schöne, so komm doch! Denn vorbei ist der Winter, verrauscht der Regen. Auf der Flur erscheinen die Blumen; die Zeit zum Singen ist da. Die Stimme der Turteltaube ist zu hören in unserem Land. Am Feigenbaum reifen die ersten Früchte; die blühenden Reben duften. Steh auf, meine Freundin, meine Schöne, so komm doch!
Wer ist sie, die aus der Steppe heraufsteigt, auf ihren Geliebten gestützt? Unter dem Apfelbaum hab ich dich geweckt, dort, wo deine Mutter dich empfing, wo deine Gebärerin in Wehen lag. Leg mich wie ein Siegel auf dein Herz, wie ein Siegel an deinen Arm! Stark wie der Tod ist die Liebe, die Leidenschaft ist hart wie die Unterwelt. Ihre Gluten sind Feuergluten, gewaltige Flammen. Auch mächtige Wasser können die Liebe nicht löschen; auch Ströme schwemmen sie nicht weg. Böte einer für die Liebe den ganzen Reichtum seines Hauses, nur verachten würde man ihn.
Aus dem Hohelied 2,10–13;8,5–7

Jetzt sind alle fünf Kinder „richtig" getauft durch eine so genannte Ganzkörpertaufe. Fehlt jetzt noch etwas? Ist eigentlich Ihre Ehe auch schon richtig „getauft"?
Blenden wir doch einmal zurück: An der Haltestelle für Tramper an der Universität in Saarbrücken stand eine junge Frau, um mitgenommen zu werden. Liebe Ulrike, ich weiß nicht, wie erwartungsvoll Sie in einen vorbeifahrenden Wagen hineingeschaut haben. Der junge Herr Meyer trat spontan auf die Bremse, legte den Rückwärtsgang ein und bot Ihnen an, bei ihm einzusteigen. Wie sich heute endgültig herausstellt, haben Sie, lieber Lars-Henrik, damit sozusagen auf einmal alle anderen Frauen „ausgebremst". Das war der Anfang einer großen Liebe.

War das nun das erste wichtige Beispiel für die lebenspraktische und kluge Maxime: „Lasst weiten Raum zwischen euch"?
Tatsächlich werden zwischen zwei Menschen, die sich lieben, „Welträume" ausgetauscht. Denken wir daran, dass in unserer mobilen Gesellschaft die Aktionsradien immer größer werden. Aber das macht nichts, denn jeder Radius geht vom Mittelpunkt aus und wird von ihm bestimmt. Ein Meister der Mystik, Meister Ekkehard, sagte einmal: „Wenn deine Mitte fest ist, vermag dein Leben weite Kreise zu ziehen."
Sie, lieber Alexander, und Sie, liebe Andrea, haben füreinander auf Ihrem bisherigen Weg Schritt für Schritt Ihre Lebensmittelpunkte zur Übereinstimmung gebracht. Dieser gemeinsame Mittelpunkt wird nun heute durch die kirchliche Trauung auch als Glaubensmittelpunkt festgemacht. Jesus Christus, der Herr, ist der bleibende liebevolle Mittelpunkt. Er wird in Zukunft ausdrücklich und bewusst Ihre Aktionsradien füreinander bestimmen.
Der Ring an der Hand bekommt so seine neue Bedeutung: „Wie ein Ring umschließt uns alle Christi Liebe" (Gotteslob 909,1). Wie ein Ring ohne Anfang und ohne Ende ist, so ist Christi Liebe ewig, anfanglos und endlos bleibend. Die Gegenwart seiner Liebe trägt und hält in allen Höhen und Tiefen. Sie „überträgt" alle Lebensphasen auf Gott hin und hält Sie beide vor Gott zusammen.
Was Gott durch den Propheten Hosea zu seinem Volk Israel gesprochen hat, ist in Jesus Christus voll und ganz Wirklichkeit geworden: „Ich traue dich mir an auf ewig um den Brautpreis von Gerechtigkeit und Recht, von Liebe und Erbarmen."
Liebes Brautpaar, machen Sie Ihre Liebe auf ewig in Christus fest, damit die Macht seiner Liebe sich an Ihnen erweisen kann. In der Person Jesu Christi, unserem Heiland und Erlöser, können wir die Lebensmitteilung Gottes erkennen. Die Konzentration auf ihn beim Beten und im Gottesdienst schenkt Ihnen als Paar je neu seine Liebe und sein Leben. Darauf bekommen Sie Brief und Siegel.
Wenn jetzt kein Zwischenruf erfolgt oder gar ein Handy klingelt und wenn alle dafür sind, dass Alexander und Andrea sich das Ja-Wort geben,